主　　编　杨福泉
副 主 编　杜　娟　李见明
编　　委　郭　净　木霁虹
　　　　　秦树才　周智生
　　　　　王东昕　段玉明
　　　　　刘　弘　石朝江
　　　　　邵志忠　张　文
执行编辑　陈　曦

中国西南文化研究

云南省社会科学院建院四十周年纪念专辑

云南省社会科学院历史研究所 编
杨福泉 主编

云南出版集团
云南人民出版社

图书在版编目（CIP）数据

云南省社会科学院建院四十周年纪念专辑 / 云南省社会科学院历史研究所编 . -- 昆明：云南人民出版社，2021.3

（中国西南文化研究）

ISBN 978-7-222-19069-6

Ⅰ . ①云… Ⅱ . ①云… ②文… Ⅲ . ①社会科学院－云南－纪念文集 Ⅳ . ① G322.237.4-53

中国版本图书馆 CIP 数据核字 (2020) 第 004931 号

出 品 人 赵石定
责任编辑 郭木玉
封面设计 张力山
排版制作 石 斌
责任校对 溥 思 费 珺
责任印制 代隆参

中国西南文化研究
云南省社会科学院建院四十周年纪念专辑

云南省社会科学院历史研究所 编
杨福泉 主编

出 版 云南出版集团 云南人民出版社
发 行 云南人民出版社
社 址 昆明市环城西路 609 号
邮 编 650034
网 址 www.ynpph.com.cn
E-mail ynrms@sina.com
开 本 889mm × 1194mm 1/32
印 张 8.375
字 数 220 千
版 次 2021 年 3 月第 1 版第 1 次印刷
印 刷 云南宏乾印刷有限公司
书 号 ISBN 978-7-222-19069-6
定 价 39.00 元

云南人民出版社微信公众号

序

杨福泉

由云南省社会科学院历史、文献研究所具体编辑，西南数省历史文化学界同仁加盟和支持的《中国西南文化研究》，迄今已经出版了27辑。正可谓涓涓细流，汇聚成河，小树生长，日久成林。这套论集，如今已经汇集了一批研究西南历史和文化的研究成果。这套论集最初聚焦西南历史文化，发表了很多有分量的基础研究之作；后来，论集也注重西南历史文化变迁的研究，从历史学、文献学、人类学、社会学等多学科的角度来凝视西南，研究西南，在原来的基础上拓展了研究领域和视野。

一个区域学术的发展和形成自己的优势和特色，要有长年累月的积累。对中国西南历史文化的研究，从方国瑜、江应樑等前辈学人，到童恩正、李绍明等新中国成长起来的一代学界才俊，筚路蓝缕，辛勤耕耘，做出了卓尔不凡的成就，献出了他们毕生的心力，他们的学术生命，如蜡炬之光，照亮了后学者之路。一代代学人的努力，使西南历史文化研究之路群贤毕集。他们淡泊明志，甘于寂寞，互相切磋砥砺，收获春华秋实。当代中青年学人弘扬前辈学人的治学精神，借鉴他们的研究方法，但又不忘独辟蹊径，拾遗补阙。已出版的这些论集中，不乏珠玑之见，创新之论。

我一直认为，中国文化浩博宏富，洋洋大观，要建构中华之学的宏伟大厦，必须要从一砖一瓦开始，所以，各个区域之学，单一民族之学，是中华之学不可或缺的构成部分。治学自然要有高屋建瓴的宏观鸟瞰和研究，但宏观研究要建立在诸多深钻细研、发微阐幽的微观研究之上，只有把区域之学、微观之学做好了，才能有扎实牢固的基础来构建宏观之学，就如盖房子一样，基础要打好打牢，否则就会有空疏浮泛和头重脚轻根底浅之弊。我们这套论集，立足西南边疆，聚焦西南文化，就是以这样的学术理念来治西南之学，为中国的学术大厦增砖添瓦，为中华民族的文化园林培植花草。我相信，如此坚持不懈地努力下去，天长日久，必见正果。如果将中华文化的研究也比喻为一条大江，那这套论集能成为汇聚涓涓细流的一条小河，流入这条大江，那也就非常有意义了。

当今中国，正在发生社会文化的重大变迁，西南边疆，概莫能外。我们既要沉潜学海，钩沉考证，梳理国故，又应直面现实，深入草根，关注民生，有所心得，发而为文。为中华文化的繁荣发展，以学子拳拳之心，尽书生绵薄之力。这也是《中国西南文化研究》的主旨。

是为序，与同仁共勉。

2019年10月

前 言

2020年，云南省社会科学院迎来建院40周年。我们编辑了这一期纪念专辑，借以回顾历史、文献研究所60年以来的发展历程，展望未来的美好愿景。

40年前，从云南省少数民族社会历史研究所一路走来的云南省历史研究所，划归云南省社会科学院领导，历史研究所下辖的东南亚、民族学、民族史、宗教等研究室相继分出，云南省社会科学院历史研究所进入了快速发展的时期。历史研究所学人“勇于开拓、不断进取”，在不同研究领域取得了令人瞩目的成绩。2006年，历史研究所与成立于1982年的文献研究所进行整合，形成了今日的历史、文献研究所。

1986年历史研究所曾经编辑过一期庆祝云南省历史研究所成立30周年的《研究集刊》，侯方岳、杜玉亭、谢本书等老前辈以高屋建瓴的眼光总结了历史经验，“云南历史研究所三大特点说”等论述至今仍脍炙人口，具有极强的指导意义。此后云南省社会科学院建院30周年，历史研究所专门撰写过《历史研究所五十余载的发展历程》，以志庆祝。

这次庆祝建院40周年纪念专辑，我们也大致梳理了历史、文献研究所的发展脉络与取得的成就，收录于本辑的末尾。但限于篇幅和体例，我们提到的大多是宏观的概述，远不能反映出历史、文献研究所发展历程中种种鲜活的面貌。为此，我们着重汇集了历史、文献研究所几代学人的自述与访谈文字，借以存留历史的足迹。杜玉亭先生在访谈中精彩地论述了历史所的根基与主要贡献；谢本书、高光汉、龙永行、桑耀华、孙代兴诸位先生的回忆，反映了历史研究所进入社科院时期在云南近代史领域取得突破的辉煌；从郭净、段玉明、蒋文中、孙大江老师的叙述中又可以窥见历史研究所文化史转向时期的繁荣与艰苦探索……此外，申旭老师关于云南民族调查资料的研究丰富了我们对早期历史研究所成就的认知；曾黎梅老师作为历史研究所新一代学人正在云南近代史领域努力登攀。特别感谢张一鸣、陈秀峰、高国强、杨琴琴、朱强等诸位先生的支持，他们有关云南将帅风云、学人轶事、文化典籍、学界动态的文稿让纪念专辑增色不少！

编　者

2019年11月

目　录

我在云南历史研究所的那几年

谢本书

我1984年1月调入云南省社会科学院历史研究所任所长，1987年7月以后，名义上继续兼任历史研究所所长近两年，然而没有承担实际工作，亦不负实际责任，不过挂名而已。因而我在历史研究所实际工作时间不到4年。3年多时间不算长，但这几年，对于我、对于历史研究所来说，都是较为重要的年代。对于我来说，这几年正是年富力强的时期，努力工作，勤于研究和写作，出了较多科研成果。对历史研究所来说，这几年确定了研究方向，人心齐，团结强，培养了一批人才，出了较多科研成果，为发展云南省社会科学事业做出了贡献使云南历史研究所在全国享有盛誉，有了名气。

一

云南省历史研究所，成立于云南省社会科学院之前。在某种程度上可以说，云南省社会科学院是在云南省历史研究所的基础上发展扩大而成的。

云南历史研究所是全国社会科学研究机构中最早成立的研究机构之一，有着悠久的历史。它的前身是云南省少数民族社会历史研究所，成立于1956年，到今年（2016年），已有60年的历史。在它成立几年后的1963年，与当时中国科学院昆明分院历史研究所合并，正式定名为云南省历史研究所。成立之初，所长为侯方岳，副所长有方国瑜、张德光、方章等，都是云南的知名学者。历史研究所成立之初，专职研究人员并不多，与有关单位协作，做了不少调查和研究工作。在“文化大革命”前，已对全省各民族进行了普遍调查，仅铅印资料就有49种，约400万字，编印了14个民族的简史、简志，约100万字，还拍摄了珍贵的7部少数民族社会状况的影片。此外，摘抄、翻译和整理有关资料2000多万字，出版了《明实录》《清实录》等有关云南史料汇辑8册，约400万字。这些资料不仅为云南少数民族历史、地方历史研究开创了一个良好的局面，打下了基础，而且在全国社科研究单位中也处于领先地位。

然而，这一美好的开头，却在“文化大革命”中被迫中断了。

党的十一届三中全会以后，历史研究所恢复了正常的工作；而在云南省社会科学院成立后，历史研究所划归云南省社会科学院领导，成为云南省社会科学院的直属研究所。这里需要说明的是，云南省社会科学院成立之初的几个主要研究所，除哲学研究所、经济研究所、文学研究所以外，基本上都是从历史所分出去的，如东南亚研究所、民族研究所、宗教研究所。而且民族研究所、宗教研究所还是我到历史研究所任职以后，由社会科学院决定并经我手分出去成为独立的研究所的。

我到历史研究所任职之前，老所长、省级领导干部侯方岳已离休，其时主持工作的副所长是厅局级干部，也是老学者刘克光。历史研究所正处于欣欣向荣的发展时刻。

而当时云南省社会科学院院长由中共云南省委宣传部部长王甸兼任，副院长原为饶华，此时已离休；新担任两位副院长为杜玉亭、邹启宇。不久，邹启宇调省委宣传部任副部长，实际主持云南省社会科学院工作的是副院长杜玉亭。

二

我到历史研究所之前，在云南大学历史系任副教授、系副主任、系党支委员。杜玉亭任云南省社会科学院副院长前，曾在历史研究所工作过一段时间，并与云南大学历史系有过多方面的联系和合作。他不仅到历史系做过学术讲座，而且还由云南历史研究所出资给历史系师生去西双版纳基诺山进行民族调查和实习。陈吕范（后为东南亚研究所所长）等亦曾到历史系做过学术讲座，并动员历史系部分毕业生去历史研究所、东南亚研究所工作，激起了同学们的很大热情。所以，云南大学历史系毕业生到云南省社科院历史研究所、东南亚研究所工作的还是比较多的。

我自1959年大学毕业留在云南大学任教以后，教学之余，就喜欢搞点研究，写点东西，对历史研究所的专职研究人员比较羡慕，而且也曾多次给历史研究所自主创办的内部刊物《研究集刊》写稿。历史研究所对我也很照顾，我的稿件基本上都被采用了。我把云南历史研究所看作是云南社科界的科学会堂、科学圣地，在我的心中，历史研究所历来有着较高的地位。

杜玉亭、邹启宇二人担任云南省社会科学院副院长以后，很想有所作为。恰巧这时历史研究所老所长侯方岳离休，只有主持工作的副所长刘克光在位，尚缺所长。为此，杜玉亭就动员我去历史研究所工作，并担任所长一职。

最初我是颇为犹豫的，因为我作为教师世家出生的人，对老师事业是喜欢和热爱的，而且我在云南大学工作，虽然有一些矛盾和不协调之处，但总的来说还是比较顺利的，并做出了一些成绩。杜玉亭多次约我谈心，最后我考虑在科研上做出成绩也是我的愿望，遂同意了。于是，云南省社会科学院给中共云南省委宣传部打了报告，又给云南大学发了公函，经约半年的协商，其时云南大学党委书记吴道源对我说，由于云南省社会科学院态度坚决，省委宣传部也批准了，云南大学不想同意也只得同意放人了。他希望我在新的岗位做出新的成绩。

1984年1月18日，中共云南省委宣传部下达了调动和任命的通知，通知说："省委批准，谢本书任云南省社会科学院历史研究所所长。"根据云南省社会科学院的通知，我于1月25日先到云南省社会科学院参加工作会议。其时云南省社会科学院尚未建成自己独立的办公楼，而是租借云南省总工会楼房办公。历史研究所则有自己的办公楼，地址在今云南大学北院云大附中旁，是一栋三层楼的不大的普通楼房，一楼为图书馆、藏书室，二、三楼为办公室、研究室。其时，东南亚研究所已分出去，在三楼办公，历史研究所则留在二楼。

1月27日，我到云南省社会科学院报到后，出席历史研究所全体工作人员的会议。其时历史研究所有50余人，除图书馆、办公室人员外，有40余人为研究人员。杜玉亭副院长在历史研究所会议上正式宣布我为所长，主持全所工作，于是我就这样到历史研究所走马上任了。我当时住在云南大学东院（体育场）住宿区，到云大附中历史所办公室，走路也不过10多分钟，还比较方便。

这里我要特别提到，当时任副所长的刘克光，是一位厅局级老干部，解放前即参加地下党，且在西南联大历史系学习过，后长期在党政机关工作，是一位学者型的干部，年纪也比我大。我当所长，他当副所长，我心里甚为不安，我曾专门拜访他，向他请教。他的态度非常友好，表示会全力支持我的工作，让我放心。在后来几年的工作中，我们在同一间办公室内办公，我尊重他，他也支持我，因而相互配合较好，在重大问题上我们常常一起讨论，大多能取得双方都赞同的意见，因而工作起来，既非常愉快又非常轻松，几乎从未发生过矛盾和冲突。由于我俩较为团结，这就给历史研究所的同人们创造了一个较为良好的团结气氛，对历史研究所工作的开展大有好处。历史研究所当时的主要研究人员孙代兴、荆德新、蒋中礼、龙永行、夏光辅、王懿之、牛鸿斌以及后来成为民族研究所主要研究人员的郭大烈、王树五、桑耀华、和志武、刘达成、周裕栋，成为宗教研究所主要研究人员的颜思久、杨学政等，对我的工作也比较支持，我也比较放手，因此大家都较好地团结在一起，共同工作。同志们关系融洽，工作气氛和谐，这是一个难得的和谐集体。当时历史研究所还有几位厅局级干部，如姜克夫、谢敏等，我尊重他们，他们也支持我。

这时，恰巧云南省社会科学院根据中央和省委部署安排整党，并宣布我为历史研究所整党领导小组组长。历史研究所原有党员19人，新调来2人，共21人，党支部书记是蒋中礼。从参加整党工作来讲，对我有很大帮助，一方面考验和锻炼了自己，另一方面有助于我全面了解历史研究所党员干部、研究人员的情况，对以后工作有很大帮助。通过整党，使历史研究所党员普遍提高了认识，增强了作为合格党员的自觉性。

整党工作从1984年2月到4月中旬，暂告一个段落后，我先出差去成都，对成都希望考入云南社会科学院的研究生进行考核和复试，然后去南京出席在那里召开的全国首届中华民国史学术讨论会。

我到达南京后，会议报道及《南京日报》的报道都说“著名历史学家谢本书出席了会议”，这是我出席全国性学术会议时，省外报刊报道首次称呼我为“著名历史学家”。我想，这大概与我担任云南历史研究所所长有关，这也显示了云南历史研究所在全国的影响力及其地位。我在会上就中华民国史与西南军阀史研究作了一个发言，引起了与会者的兴趣。会上，由中国社会科学院近代史研究所副所长、著名学者李新发起，成立了中华民国史资料和研究工作协调委员会，我被确定为7个常委之一。这一时期，中华民国史的研究在全国上马不久，方兴未艾，这个组织的成立，虽然只是一个名义，并没有发挥多大作用，但仍然是引人瞩目的。

南京会议结束后，我到上海，乘飞机5个小时，直飞新疆乌鲁木齐，接受新疆大学、新疆师范大学的邀请，到两校历史系讲授“历史科学概论”课程。

起因是，云南大学和山东大学两校历史系接受教育部的委托，编写了全国大学历史系历史专业基础课教材《历史科学概论》，由山东教育出版社出版。主编是山东大学历史系主任葛懋春教授，副主编是我。其时，历史科学概论课程在全国高校历史系开设得还不多，主讲教师缺乏。新疆原计划邀请主编葛懋春教授讲课，但葛懋春教授年岁已高，不久去世；遂转而邀请在云南大学任教的我，我已接受，但因我调入云南社会科学院历史研究所工作，遂推迟至1984年5月。我从上海飞乌鲁木齐，先后集中1个月在新疆大学、新疆师范大学历史系讲授历史科学概论课程，每周课时在10节以上，直到讲完一学期课程的学时为止。

教学效果反映较好，师生都很热情。课余之时，利用星期日，参观了吐鲁番、石河子、天池等地。临行时，新疆大学历史系师生排队夹道欢送，我甚为感动。不过，当时讲课报酬很低，两校分别给予100多元的讲课费，另外给云南历史研究所付了一个月的工资，亦仅100多元。

三

1984年6月返回昆明不久，逢教育部与云南大学合作，在昆明举办中国现代史讲习班，全国各地高校教师有100多人参加。讲习班举办一周，邀请全国知名学者讲授中国现代史的有关专题。我受邀讲“西南军阀史”专题，一连讲了4个半天，写有近10万字的讲稿，由讲习班铅印发给每个学员。西南军阀史是一个刚开始研究的新问题，与会者大多不熟悉，所以听众非常专心，讲授效果也比较好。

中国社会科学院近代史研究所副所长、著名学者李新在会上讲了“北洋军阀”专题。他在讲课过程中，插上了几句题外话。他说：“谢老师讲西南军阀史，讲得很好。欢迎谢老师到北京工作，如果谢老师愿意，我可以马上为他办理调动手续。”他作为省级老干部、老学者，是有办法的。不过，我刚调到云南省社会科学院历史研究所工作，还未能在这里展示自己的工作和才华，也没有离开的意愿。所以，听了李新的讲话，我笑笑，没有明确表态。

而到昆明参加讲习班的教育部高教一司的刘凤泰却找我谈了一次话。他说：“我们不知道您调离了教育战线，像您这样的骨干调走了是不应该的。事前我们如果知道的话，教育部会进行干预的。”这也表明他对我在云南大学工作的评价。

这两个反应，从一个侧面说明，我当时已有了一点名气，而且在讲习班的讲课也受到了注意。否则，怎么会有如此强烈的反应呢！

说到西南军阀史的研究，这里有必要补充一点背景。军阀史的研究，无论是北洋军阀史，还是西南军阀史，在那个时候都是中国近现代史研究的薄弱环节，甚至是一个“禁区”。我早年研究北洋军阀史就曾受到批判，不过我坚持了下来，不仅出版了两本有关北洋军阀的小册子，还出版了一部学术专著《袁世凯与北洋军阀》[①]。在研究北洋军阀史时，我就开始注意到了西南军阀史的研究，这个领域几乎还是一个空白，我就考虑把这个问题的研究提上日程。

①上海人民出版社1984年版；台湾克宁出版社1995年又出版了繁体字本。

1980年，川、滇、黔、桂、粤、湘六省区从事中国近现代史教学与研究的学者，在成都成立了西南军阀史研究会，西南军阀史的研究正式提上了日程，开始发表和出版一些论文、人物传记、资料集、研究丛刊以及学术专著等。我在这方面下了功夫，并成为西南军阀史学术研究的学术带头人，对西南军阀史的基本概念、研究意义、形成时间和分期等，提出了较为全面的解释，大多得到了同行的公认。1984年，在中国现代史讲习班讲授“西南军阀史”，是我研究的初步成果的汇报。而且西南军阀史研究会领导班子决定，聘请我、冯祖贻（贵州省社会科学院历史所所长）二人主编《西南军阀史》三卷本，经过几年努力，终于完成约100万字的三卷本，由贵州人民出版社于1991—1994年先后出版。《西南军阀史》三卷本的出版，弥补了中国近现代研究的一个空白，得到海内外学者的好评。于是，我被誉为西南军阀史研究专家、权威学者。

回顾这一段历史，全国学术界逐步公认，我在蔡锷等历史人物、护国运动史等云南近代历史专题以及西南军阀史的研究方面处于全国领先水平。我的成名，与这些方面的研究有相当的联系。中国近代史所组织编写的多卷本《中华民国史》中的“西南军阀史”部分，也是邀请我执笔完成的。

从蔡锷与护国运动、西南军阀史的研究过程中，我逐渐意识到，地方历史研究所应该突出地方史的研究特色，出版地方史特色的研究成果，才能“扬长避短”，完成有质量的研究成果，也才能在社科界站稳足跟。

于是我除了开始筹划编纂一部云南近代通史著述以外，还想对云南近代历史上发生的重大事件和在历史上起过重要作用的历史人物进行一事一著、一人一传的研究和著述，而且都要当成严肃的学术著作来完成。

云南史学界大师甚多，成果不少，然而过去的研究成果多半集中在古代史和民族问题这两个方面，对近代云南则研究较少。

为了弥补这个薄弱环节，我希望在我负责历史研究所这个时期，把近代云南作为研究重点，并从这方面部署研究工作。近代云南历史研究，遂成为这一时期云南历史研究所的主攻方向。

四

在我担任云南历史研究所所长以后，逐渐把近代云南历史作为研究重点，并希望在不久的时间内，完成并出版云南近代通史性的著作。于是我组织了一个《云南近代史（1840—1949）》编写组，由我任组长并主持编写全书，历史研究所近代史研究室主任荆德新为副组长，编写成员有孙代兴、谢本书、荆德新、蒋中礼、夏光辅、牛鸿斌、王丹、谢敏等。其中，前言及第五、第十章，由我执笔。

经过几年的努力，该书于1988年完成，而这时我已调离历史研究所，我仍然进行了修订、终审，把这本书负责到底。这是云南省的第一部近代历史著作，近50万字，弥补了这方面的一个空白。不过，由于我已调离历史研究所，该书出版过程中产生了一些矛盾，经过多次协调，直到1993年该书才正式由云南人民出版社出版。

这部名为《云南近代史（1840—1949）》的著作，从1840年鸦片战争写起，直到1949年中华人民共和国成立。过去中国近代史及各省地方史，大多只写到1919年五四运动前夕，而《云南近代史（1840—1949）》则较早地写到中华人民共和国成立之时。全书共分14章，其中近代历史背景1章、近代文化1章、旧民主主义革命时期6章、新民主主义革命时期6章。这14章内容的划分，既与中国近代通史进程相吻合，又突出云南地方历史的特点，初步构建了云南近代历史的研究体系。直到目前为止，云南近代历史的研究，基本上是按照这一框架体系进行的。我在前言中提出近代云南的三次革命高潮和几大历史特点，从而为勾画云南近代社会历史发展的基本线索奠下了基础。

我在历史研究所的几年（1984年至1987年），出版的著作主要有：

《护国运动史》（谢本书等5人），贵州人民出版社1984年4月版；

《唐继尧评传》，谢本书著，河南教育出版社1985年2月版；

《护国文献》（上、下册）（署名为云南省社会科学院历史研究所、贵州省社会科学院历史研究所编，谢本书等参加），贵州人民出版社1985年10月、12月版；

《中国革命史》，谢本书主编，云南人民出版社1986年9月版，这是作为云南高校政治课教材编写的；

《中华民国史》（第二编第二卷），谢本书参编，中华书局1987年9月版。

上述著作中，除少数是在云南大学历史系工作时完成、到历史研究所后才出版外，其余大多是在历史研究所工作时完成的。

此外，《龙云传》（谢本书著，四川民族出版社1988年6月版）；《蒋介石与西南地方实力派》（谢本书、牛鸿宾著，河南人民出版社1990年10月版）；《卢汉传》（谢本书、牛鸿宾著，四川民族出版社1990年10月版）；《近代云南各族人民的爱国主义斗争》（谢本书编著，云南民族出版社1991年12月版）；《中华民国时期军政职官志》（谢本书分卷主编，甘肃人民出版社1991年12月版）；等，则是在历史研究所工作时基本完成，后来才出版的。

在这一时期，发表的主要论文有：

《近代云南人民爱国主义斗争的三次高涨》，《思想战线》1984年第1期；

《历史感与现实感的统一》，《光明日报》1984年2月8日；

《再论蔡锷》，《求索》1984年第2期；

《梁启超与〈异哉所谓国体问题者〉》，《昆明师范学院学报》1984年第2期；

《谈谈云南工运史研究中的几个问题》，《云南工运史研究资料》第2辑，1984年版；

《“历史主义”问题的论争述评》，《贵州文史丛刊》1984年第3期；

《近代中国社会的主要矛盾与历史发展的主线》，《云南社会科学》，1984年第4期；

《蔡锷与清末广西干部学堂风潮》，《史学月刊》1984年第6期；

《关于西南军阀史研究中的若干问题》，《江海学刊》1984年第6期；

《毛泽东论中华民族》，《纪念毛泽东同志诞辰九十周年文集》，1984年版；

《中国近代地主阶级的演变》，《中国封建经济史研究》，云南人民出版社1987年6月版；

《论西南军阀》，《研究集刊》1985年第1期；

《论“护国演说社”》，《历史档案》1985年第2期；

《片马问题研究》，《研究集刊》1985年第2期；

《抗日战争史研究中的几个问题》，《贵州史学》1985年第2期；

《“历史人物学”浅议》，《光明日报》1985年8月6日；

《云南各族人民对抗日战争的重大贡献》，《云南民族学院学报》1985年第3期；

《孙中山与西南军阀》，《云南社会科学》1985年第3期；

《西南军阀形成的重要标志》，《西南军阀研究丛刊》第3

辑，云南人民出版社1985年3月版；

《云南杨春魁起义——“二次革命”的尾声》，《近代史研究》1985年第5期；

《历史的丰碑》，贵州省纪念遵义会议五十周年学术讨论会秘书处编《丰碑——贵州省纪念遵义会议五十周年学术讨论会论文选》，贵州人民出版社1985年12月版；

《改革历史研究的途径》，《云南社会科学》1986年第1期；

《近代云南各族人民爱国主义斗争的特点》，《民族与现代化》1986年第1期；

《抗日战争时期龙云对昆明民主运动的支持和保护》，《云南教育学院学报》1986年第1期；

《龙云与昆明的民主运动》，《研究集刊》1986年第1期；

《康梁蔡朱之比较研究——兼论比较研究法》，《历史研究方法论集》，河南人民出版社1987年10月版；

《孙中山与中国革命》，《云南民族学院学报》1986年第2期；

《谈比较历史研究法》，《安徽史学》1986年第3期；

《孙中山晚年的最后几个月》，《云南社会科学》1986年第5期；

《历史研究中自然科学方法的适用性与有限性》，《上海社会科学》1986年第12期；

《云南近代历史发展的基本线索及其特点》，《云南方志》1987年第1期；

《论近代中国军阀的形成及其特点》，《研究集刊》1987年第1期；

《再论唐继尧》，《曲靖师专学报》1987年第1期；

《爱国主义——伟大的精神力量》，《民族学与现代化》

1987年第2期；

《1937—1945年的云南与滇军抗战》，《研究集刊》1987年第2期；

《唐继尧的发迹和败灭》，《民国春秋》1987年第3期；

《中国共产党领导昆明学生民主运动的历史回顾》，《云南师范大学学报》1987年第4期；

《史家评论与评论史家》，《安徽史学》1987年第4期；

《论历史认识》，《云南社会科学》1987年第5期；

《护国运动史研究述评》，《近代史研究》1987年第5期；

《简论西南军阀》，《历史教学》1987年第7期；

《中国社会性质问题论战的回顾及其启示》，《思想战线》1987年第6期；

《论张謇的棉铁主义》，《贵州社会科学》1987年12期等。

我在历史研究所的几年，平均每年出书1—2种，发表论文10余篇。还曾到云南人民广播电台系统讲授“云南革命斗争史”1个多月，该讲稿后来以《近代云南各族人民的爱国主义斗争》为名，由云南民族出版社1991年12月出版。

这一段时间，工作、科研都很紧，我每天常常凌晨三四点钟即起床，研究、写作到八九点，然后去上班，这样早上的几个钟点，没有任何干扰，差不多可以完成一天的研究、写作任务。正因为如此，我被认为是20世纪八九十年代全国的高产史学家。据统计，在全国报刊文献高产史学家的名单中，我在全国排名第6，西南排名第1；而文献引用率，全国排名第11。据又一统计，1985—1989年文献高产史学家排名第7。参见范并思《当代中国社会科学报刊文献（1978—1995）》（华东师范大学出版社2000年1月版）一书。

可是，我自1987年离开历史研究所，调入云南省社会科学界联合会从事行政管理工作后，研究工作开始落伍，报刊文献发表量逐年下降。原一事一著、一人一传的研究计划亦受到了影响。加之年龄逐渐增大，不可能每天坚持三四点钟起床，工作效率也放慢了。

我在历史研究所工作的几年，工作顺利，是我的科研成果产出的高峰时期。而且我的这些论著（特别是著作），大多是新中国成立以后，在该领域（专题）出版的第一部论著，提出了若干独立的见解和论述，其创新之处应是不言而喻的。

五

从1984年我到历史研究所工作后，开始招收硕士研究生。其实，1983年我在云南大学工作时，已经开始筹划和安排，并经上级有关部门批准，可以招收硕士研究生。但我旋即调至云南省社会科学院历史研究所，遂于1984年秋在历史研究所招收硕士生，研究方向为中国近现代史（侧重中国西南地区近现代史）。我是“文化大革命”以后的中年教师中带研究生比较早的一位。

我先后招了4届研究生，平均每届两人，共招收8人。但我因在历史研究所仅3年余，除第一届两人我从上课、实习、辅导毕业论文到论文答辩全部负责外，其余3届实际上只上了部分课程即转给历史研究所其他研究人员指导。最后一届是以我的名义招生，但他们报到后，我已离开历史研究所，既未上过课，也未辅导过，是其他研究人员负责指导的。

这8位研究生，除一位因病较早退出研究工作外，其余都成了所在单位的骨干，有的还成了知名学者。他们分别是：

曹维琼，后为贵州人民出版社社长、编审；

吴达德，后为四川自贡师专副校长、四川师范大学教授；

张神根，后为中共中央党史研究室第三部主任、中共中央党史和文献研究院信息资料馆馆长、研究员；

袁国友，后为云南农业大学学院院长、研究员；

王国平，后为云南省社会科学院研究员，《南亚与东南亚研究》副主编；

龚喜春，后为湖北师范学院教授；

胡德斌，后为昆明理工大学副教授；

王丹，后在云南省社会科学院工作。

由于当时云南省社会科学院尚无中国近现代史学位授予权，乃委托有授予权的四川大学进行毕业论文答辩，并授予硕士学位。该8位研究生，毕业时全部顺利通过了论文答辩，并获得硕士学位证书。

我离开历史研究所以后，历史研究所就不再招收研究生了。

由于我调往公务员单位，不仅不再招收硕士研究生，而且也失去了申请博士生导师的条件。据南开大学著名学者、国家学位委员会委员魏宏运在国务院学位委员会召开的一次会议上说，“不要以为博导都比别人有水平，其实没有博导称号的专家有水平的也不少。有的专家是因为工作关系，失去申报博导的条件，例如云南的谢本书就是这样。他们的实际学术水平，不低嘛！”云南大学原副校长、博导林超民教授在一次大会上说，“谢本书老师由于工作原因，未获得博导称号，可是他的学生却有许多博导。他不是博导，却是博导的老师嘛！”

58岁时，我调往云南民族大学（原云南民族学院），又曾指导过几届硕士研究生，直到63岁退休，不再招收研究生为止。但我却失去了申请博导的最佳年龄段。

不过这批研究生，后来大多做出了优异的成绩，并与我保持了良好的师生情谊。

六

我在历史研究所期间，提倡在研究工作中要把文献资料与实地调查研究资料相结合，这也是历史研究所的优良传统之一。我自己在时间允许、力所能及的情况下，尽可能深入到历史现场进行调查研究，搜集资料，然后进行比较研究，完成一定的论著。其中，有两次重要的调查研究值得一提。

第一次调研是1985年初，中共中央总书记胡耀邦来云南视察，到了滇西怒江，还为片马地区题了词“片马人民抗英纪念碑”。我们得到这一消息，既高兴也惭愧。高兴的是，总书记来到云南，并肯定边疆地区各族人民的抗英斗争，还题了词，这对我们是很大的鼓舞；惭愧的是，作为地方历史研究所，对片马事件（片马人民的抗英斗争）研究却很少，没有像样的研究成果。为此，我决心对这一问题进行研究，并经中共云南省委宣传部同意，派出一个以我为组长的调查组，前往片马地区历史现场做认真的实地考察。

1985年4月，我和历史所的孙代兴、桑耀华、王丹等4人，乘坐许冲海开的历史所仅有的一辆吉普车，前往滇西。经过大理、怒江两州，两州文化部门领导非常重视，给予工作方便，大理州文化局局长陪同前往。到片马所属怒水县后，怒水县一位副县长还专程陪同，前往片马考察。

我们一行到片马后，几乎走遍了片马地区的山山水水，察看抗英斗争的现场，访问了数十位知情人士，也和州、县有关部门召开了座谈会，搜集了大量资料。半个月里，我们平均每天开车行程不下100公里，还要进行调查、访问，最后可谓满载而归。回到昆明后，我又查阅了文献档案，结合调查资料，写成两万多字的《片马问题研究》，最初刊于历史所主办的《研究集刊》1985年第2期。后经多种报刊资料文献集转载（有的是摘要），影响较好。被当地学者认为，这是研究片马人民抗英斗争事件最完整最有说服力的一篇论文。

第二次调研，是到云南昭通地区。四川民族出版社决定出版一套“少数民族名人传记丛书”，1984年9月派人到昆明来约稿，云南省社会科学院领导推荐我来承担《龙云传》的写作任务。

为此，我在昆明广泛搜集资料及访问知情人士的基础上，于1985年5月在孙代兴的陪同下，到昭通地区考察昭通社会、龙云的家族及其早年的历史情况。当时去昭通很不方便，我们坐长途客运汽车竟然走了两天（今天汽车只要3个小时）。到昭通后，我们住在昭通地区招待所，通过在昭通师专任教的原云大历史系学生，联系昭通地区负责人，结果受到中共昭通地委，昭通市委、市政府、市政协等有关单位的热情接待，拜访知情人，召开座谈会。又从昭通市政府借用吉普车一辆，开往50公里以外，经过崎岖、险要的山间公路，到达炎山龙云故乡（汽车行驶了5个多小时），进行了几天考察，搜集到许多珍贵资料，为写《龙云传》打下了良好的基础。在炎山调查时，当地群众反映，自20世纪50年代初土地改革后，省里再没有人到过炎山。因而我去调查，受到了干部、群众热情的欢迎。

根据调查，我曾写了一份专题调研报告，论证了龙云家族关系及其早年不为人知的经历，得出了龙云与卢汉为表兄弟的结论。之前，人们对龙云、卢汉到底是什么关系，很不清楚，停留在猜谜式的分析阶段。这个结论出来后，不仅得到龙云、卢汉家族后人的认可，也得到了学术界的肯定。以后，人们论述龙云早年经历，基本上都是根据我的报告材料。这个报告材料已纳入后来出版的《龙云传》之中。

我写的历史人物传记著作中，有两个传记很受欢迎，多次再版或出版修订版，就是《蔡锷传》与《龙云传》。而这两本传记，都是通过文献资料与调查材料结合研究写作而成的。

七

从1985年开始，云南省职称评审工作起了步。当年云南省社会科学院希望调我来的重要原因之一，就是要开展职称评审。云南省社会科学院长期未开展职称评审工作，而要成立院高级职称评审委员会，本单位至少要有3个高级职称（含副高职）人员，再加上邀请其他单位部分高职人员才能组建。否则，就只能委托外单位评审委员会评审。

其时，云南省社会科学院只有从北京调回来工作的杜玉亭是副高职称，院里于是从云南大学调来了郑谦和我两位副教授，加起来恰好3位副高职人员，就可以独立组建院职称评审委员会了。云南大学两人如果有一人不来，就难以组建独立评委了。我到社科院，社科院立即组建了院职称评审委员会（后又称云南省社会科学职称评审委员会），以杜玉亭为主任委员，我和外单位的谭庆麟教授、刘尧汉研究员为副主任委员。委员会共13人，其中有9人是外单位聘来的。我同时兼任历史研究所职称评委会主任。

经过一段时间准备，职称评审工作于1986年初正式开始，云南省确定历史研究所为职称评审改革的几个试点单位之一，可以先行一步。1986年6月，院评审委员会正式接受历史研究所几位研究人员申请评审高级职称的申请。我当时已发表科研论著超过200万字，还有几部学术著作，外语因有翻译作品，不再考试，因而申请正高职——研究员。经过讨论，委员会无记名投票（我回避），除1人弃权外，其余皆为赞成票，获得通过。就这样我成为云南省社会科学院通过的第一位正高职称（研究员）人员，当时是很引人瞩目的。不久获得批准，研究员任职时间从1985年算起。

历史研究所孙代兴、荆德新等通过为副研究员，这也是云南省社会科学院评审通过的第一批副高职称人员。此外，还通过了几位申请中级职称的人员。

为了创造研究人员成果有发表、出版的机会，除了鼓励研究人员对外公开出版或发表研究成果外，历史研究所还办有两个内部刊物，一是《研究集刊》，二是《云南近现代史史料》，前者以发表科研论著为主，每期二三十万字到四五十万字；后者以发表史料、回忆录为主，每期一二十万字到二三十万字。每年各出两期，也吸收部分外稿。由于刊物发表的文章大多为研究人员精心研究的成果，因而虽是内刊，在社科界反应还是比较好的。

1985年前后，据云南省社会科学院的决定，民族研究所和宗教研究所先后从历史研究所分出去，这样历史研究所就从50多人下降到20多人。但是以地方史研究为主的历史研究所，仍然以豪迈的步伐，出成果、出人才，不忘初心，继续前进。

这里，我要顺便说一件事。我离开历史研究所前，在历史研究所资料室的一堆未经整理的资料中，发现了蔡锷的《曾胡治兵语录》手稿，这是为人所不知的珍贵手迹。因要离开历史研究所，不便再做更多的事，我只好将手稿影印一份保存。原件仍交历史研究所资料室，并请他们妥善保存。后来，由于云南省社会科学院图书资料工作做了一些调整，历史研究所所存资料和图书都交给了云南省社会科学院图书馆统一保存、整理和借阅。然而，前几年湖南邵阳蔡锷家乡有关部门在我的推荐下，去云南省社会科学院图书馆查阅这份《曾胡治兵语录》手稿原件时，却未能找到。后查明，此手稿原件仍藏于云南省社会科学院图书馆，我心中的担忧才终于消除。此外，历史研究所原存有2000多万字的云南少数民族社会历史调查资料，也移交给了云南省社会科学院图书馆。这些珍贵的历史文物一定要妥善地收藏、利用。

2016年秋于昆明

合作共赢结硕果

——庆祝历史研究所建所六十周年

高光汉

作为一名真诚的合作者，我和云南省历史研究所的孙代兴研究员、荆德新研究员、谢本书教授（谢老师在20世纪80年代初以前曾在云南大学历史系工作，后调入历史研究所任所长）等同志有过长期的合作关系。他们既是我的老师，又是学术研究中的真诚战友。在20世纪八九十年代，由于我们的共同努力，我们这些同志在中国近代史学界曾产生过一定的影响，享有较高的知名度。

“文化大革命”结束后，国家百废待兴，历史学界更是需要拨乱反正，重新步入正轨，在马列主义、毛泽东思想指引下，脚踏实地地加快研究步伐，尽快拿出科研成果，贡献给国家和社会，以弥补“文化大革命”所造成的损失。

“文化大革命”结束后，我们都已步入中年，倍感时光宝贵，时不我待，便潜心投入研究。但我们失去了不少宝贵时光，荒废了很多学业，个人专业素养亦需同步提高。于是从20世纪70年代末开始，我们大家便结合在一起，互相切磋，互相学习，取长补短，共同进步。我们还联合贵州、四川、广东、广西、湖南等省区及省内其他高校、其他科研机构的同人，开展联合研究，攻克难点，大步向前。

在此期间，我们充分发挥各自潜能和长处，争取领导支持，调动各方各地的积极性，先后在省内和川、黔、粤、桂、湘等省区举办多次学术研讨会，争取到各省区出版社和云南大学出版社的大力支持，先后出版了我们的集体研究成果《护国运动史》、《护国文献》（上下册）（贵州人民出版社出版）、《云南辛亥革命史》（云南大学出版社出版）、《西南军阀史》（1、2、3卷）（贵州人民出版社出版）、《护国文集》（河北教育出版社出版）、《护国运动史》（修订本、台湾稻香出版社出版，繁体字版），以及川、滇、黔、粤、桂5省各省出版社各出版1册的《西南军阀史研究丛刊》（共5册）。此外，我们各自还发表（出版）了大量的学术论文和文集（专著）等科研成果。所有这些都得益于大家的互助合作。合作出佳绩，合作结硕果。单凭个人的力量，在那么短的时间里是不可能做出如此多成果的。

回顾这段历史，我有以下几点体会，写出来就教于各位贤者。

第一，我们的合作虽然开始是自发形成的，但后来还是在一定程度上得到了有关单位领导和单位的关心与支持。如云南省政协、云南省历史研究所、云南大学以及川、黔、湘、桂、粤等省区的政协领导和出版社的支持帮助，否则，我们仅凭自身的有限力量，不可能在那么短的时间内就取得如此丰富多彩的研究成果。特别是云南省历史研究所的历届领导，都给予了我们大力的支持与帮助，使我们在前进的道路上增强信心，一往直前地夺取胜利。

第二，实事求是是我们从事学术研究的根本准则。我们所研究的每一个历史事件和每一位历史人物，我们都将其置于其所处的时代环境，实事求是地加以评判，凡是有利于社会进步的就予以肯定和赞扬，否则就加以批评乃至批判、否定。因此，我们的研究成果是经得起历史实践的检验的，从而得到社会的一致肯定和赞扬。如1984年由贵州人民出版社出版的《护国运动史》，是护国战争爆发以来，特别是中华人民共和国成立以来第一部全面科学系统论述此重大历史事件的学术专著。该书的出版，填补了这一段历史研究的空白，受到各界的欢迎和关注。《文汇报》《光明日报》《贵州日报》《中国近代史学术动态》《云南社会科学》等十余家报纸、杂志、电台相继发表书评和报道，给予了充分肯定。如上海《文汇报》就以《西南地区史学研究的新成果》为题，发表长篇书评说："由云南大学历史系谢本书、高光汉，云南省历史研究所孙代兴和贵州省社科院历史所冯祖诒、顾大全执笔编写的《护国运动史》，对护国运动历史的研究，提出不少新颖的见解。作者掌握并运用了丰富的史料，不仅清晰地描绘出这一段历史的轮廓，也对种种历史现象的内在联系，以及一些带规律性的重要问题，做了有益的探索。"《护国运动史》被选送参加香港国际书展，也在海内外学术界产生了较大的影响，香港《大公报》亦发表长篇书评，非常肯定其学术价值。因此才会有后来的台湾稻香出版社决定出版繁体字的《护国运动史》修订版本。

第三，自发形成的联合体若缺少长期有效的上级组织领导是不能持久的，其效能也是有限的。

我们这些人早在"文化大革命"前就是非常熟识的云大校友，从20世纪六七十年代以来，经常会互相交流学习心得和对时局的看法。因此，"文化大革命"后历史学得到新生，在学术研究的宽松环境下我们结合在一起，互学互帮，对一些共同感兴趣的课题开展研究就是十分自然的事情。但问题的根源也就恰恰出在这里，从始至终我们一直都处在自发形成的松散的合作之中，由于不是有组织、有领导、有目的、有方针的组织活动，所以它的生命力与活动能力都是非常有限的。正因为如此，我们在力所能及的情况下，在取得一定成果后便自生自灭了。如果我们处在坚强有力的组织领导下和长远宏大目标的指引下，发挥强大的团队集体力量，那么我们一定还会取得更多更大的成果，我们在学术界的影响也必将更大，云南近代史研究在中国近代史学界的地位亦将更高。有鉴于此，借助历史研究所建所六十周年庆典之机，我斗胆向有关领导和组织提出如下建议：对云南各时代的历史尤其是云南近代的历史，要有长期切实有效的研究规划；在研究人才的培养方面要下大力气，注意研究人才的梯队建设，一旦发现优秀苗子更应给予重点扶持、倍加爱护，破格提升，以其为核心组建团队，加大投入、加重任务，以期建设一支有理想、有能力、能挑起重大任务的高素质的人才队伍。另外，优秀人才队伍的建设，往往都需要打破单位部门的局限。同类优秀的杰出人才往往不会只出现在同一单位、同一部门、同一时期，这就要求我们的有关领导、有关组织，要有广阔的胸襟和敏锐的眼光，破除一切陈规陋习，不拘一格地选拔人才，招贤纳士，大力延揽优秀人才，充分发挥杰出人才的聪明才智，使其竭尽所能，将其潜在的光和热完全释放出来，贡献给社会和国家。

衷心祝贺云南省历史研究所六十周年华诞！

殷切期盼云南历史研究所在下一个甲子取得更辉煌的成绩！

（高光汉，云南大学教授）

我与历史研究所的文化史研究

郭　净

1987年，我得到硕士学位后，决定不去云南省社会科学院东南亚研究所，而是到历史研究所工作。这个选择看起来很奇怪，但是有原因的。

我本科读的是云南省师范学院史地系，1980年毕业后留校，1984年考到云南省社会科学院研究生班。这个班有两个专业方向，一个是民族学，另一个是东南亚历史。我读的是东南亚史，却对民族学感兴趣。院领导杜玉亭老师来讲课的时候，我也去听。在他的影响下，我开始到昆明附近安宁的几个大花苗村寨做田野调查。那段时间，社科院请来两位法国人类学家，一个叫孔多米纳斯，另一个叫勒穆瓦。勒穆瓦长期住在老挝，研究苗族和瑶族，会讲流利的苗话和瑶话。他到云南来调查，社科院便让我选点并陪同。我带他到安宁草铺的新村和水井湾去了两三天，这期间他让我买了一个大笔记本，教我怎么做村寨平面图和家族的调查。此后，我虽然从未接受过正规的文化人类学训练，但因勒穆瓦的指引，找到了自我学习的方向。社科院图书馆有一些中国台湾“中研院”出版的田野考察报告和几部英文版的人类学著作，我都找来研读，仿照其中的模式，设计自己的调查方案。两年里，我学习了简单的苗语和英国传教士柏格里创制的苗文，和两个村的老人合作，绘出了完整的家族谱系和迁徙图。这些训练，使我得以掌握基本的调查技巧，为以后开展更深入的田野工作奠定了基础。

从社科院研究生班毕业，我实际写了两篇毕业论文，一篇是《清代中泰大米贸易》，另一篇是《宁村苗族的祖先祭祀与亲族结构》。[①]东南亚研究所所长陈吕范老师本来希望我到该所工作，但我一方面痴迷于民族学，另一方面也考虑到做东南亚无法得到第一手资料，只能抄外国人的东西。而研究苗族，我已经有厚厚的一本调查笔记和初步的调查经验，对于如何往下走，感到胸有成竹，于是找了谢本书老师，顺利地进了历史研究所。

80年代，谢本书老师率先闯进云南军阀史研究的禁区，进而打开了云南近现代史的研究领域。我进历史研究所的时候，所里的人在谢老师的引导下，大多在做云南近现代历史研究。我和四川大学毕业的段玉明却另有爱好，他偏向宗教文化，我偏向民族文化。谢老师和之后接任所长的荆德新老师并未干预我们的兴趣，而是放手让我们自由发展，我们就在这种宽松的环境下逐渐开拓出新的天地。当时先后进入省社科院的有一大批云南大学历史系、中文系的毕业生，大家受到思想解放风潮的影响，突破原有专业的约束，经常聚在一起讨论文化问题。记得民族文学所的郑凡写的第一本著作《震撼心灵的古旋律》，被列入《走向未来丛书》，成为我们做学问的风向标。受这种风气的感染，我从1989年起转向关注更大的文化议题。我在院图书馆发现哈佛大学人类学系主任张光直先生的一本小书《美术·神话与祭祀》[②]，于是很快翻译出来，交辽宁教育出版社出版。书中附有张先生专为这个中文版写的后记，其中有两个要点，给了我极为关键的启示。

①《云南省社会科学院研究生论文选》，云南人民出版社1987年版。

②张光直：《美术·神话与祭祀》，郭净译，辽宁教育出版社1988年、2002年版；稻香出版社1993年版；三联书店2013年版。

其一，人类文明从野蛮到现代的演变可以分为两种模式：一种是以人与自然关系的分裂为起点，通过技术的突破而形成的，可称之为“断裂式的文明”；另一种是以人与人关系的改变为动力，主要通过政治权威的建立而形成，可称之为“连续性的文明”。前者是苏美尔——西方式的文明，后者是玛雅——中国式的文明。张光直先生的这个论点，将启发我去探讨文化与环境的相互关系，即张先生所说的“人类与动物之间的连续，地与天之间的连续，文化与自然之间的连续”。

其二，今天我们所遵循的历史观，都是以西方文明在近现代的宏大扩张为基点，它并不能全面阐释人类社会的起源和发展规律。随着人们对中国和其他非西方文化认识的深入，今天，我们有可能直接依据中国的原始材料，为社会科学提供新的理论和方法，“由此而产生的理论概括将会具有更大的适应性和准确性”。

正是受到这样的启发，我在20世纪80年代和90年代之交，把研究重点转移到了仪式表演上。在这一时期，“傩文化”和面具的研究在大陆日益热络，但真正看到其学术价值的却是港台和海外的华人学者。20世纪90年代初，由中国台湾“中研院”院长王秋桂教授牵头，在蒋经国基金会的资助下，聚集港台和欧美的汉学人类学家，与大陆文化部所属的中国文化研究院合作，发起了“中国地方戏与仪式”的研究计划。这是迄今为止国际人类学界在中国大陆开展的规模最大、成果最丰富的田野调查项目。因为合作方是国家文化单位，所以参加的人员大多是各地文化部门的学者，而非人类学专业的人。鉴于这种情况，主持者拟订了严格的田野工作准则，要求每个调查聚焦于一个完整的农村仪式表演活动，在做现场记录的同时，必须收集仪式所用的文本和相关历史文献。调查成果最终以田野报告的形式在台湾出版，数量达百余卷。我在昆明面见王秋桂先生时要求参加该计划，原来想在做过前期踩点的贵州或云南昭通进行考察，但1993年突然碰到云南省社科院有援藏的名额，我便申请去了西藏社科院，目的是调查藏传佛教的仪式表演“羌姆”。

1993年底我到了拉萨，原来说好由国家发放的援藏补贴居然没有了。幸而当时在任的云南省社科院（时任院长为何耀华）老师决定每月给予我300元补助，这笔宝贵的经费既是每月的生活费，也是调查费。何耀华老师还嘱托西藏社科院的平措院长给我诸多关照。这一切使我能心无旁骛、有效地利用1年多的时间从事田野调查。我先拜到从中央民族大学藏文系退休回拉萨的吐旺老师门下，每个星期三到他家里免费学习藏文。通过大量阅读资料，我发现除了瑞士学者内贝斯基在尼泊尔等地考察后撰写的英文著作《西藏的宗教舞蹈》，以及西藏文化厅所属的艺术研究所做的聚焦于舞蹈和音乐的专业考察外，还没有关于“羌姆”的田野调查报告。1994年3月，我沿着吐蕃文明起源的雅垄河谷做了一番考察，拜访了松赞干布时期的佛教寺庙昌珠寺、吐蕃的第一座宫殿雍布拉康、唐代嫁给藏王的金城公主居住过的城堡以及吐蕃历代君王的墓葬。结合考察的感受，我读了诸多文献，在著名藏学家恰白·次旦平措先生的论文中发现一条重要线索：藏历5月，是将佛教密宗传入藏地的古印度大师莲花生返回西藏的日子，届时，宁玛派的寺院都要举行“羌姆”法会。经恰白·次旦平措先生当面点拨，我为此做了充分准备。

藏历5月12日，我观看了则措巴寺的“羌姆”，随后赶到泽当城里的医院看望桑耶寺的主持阿旺杰布上师。听我说明来意，他当即手书一纸藏文短信，介绍我去找寺院的藏医索朗仁青。13日我乘渡船过雅鲁藏布江，来到桑耶。这里早已是人山人海，挤满了藏地的朝圣者和10多个国家的游客，却甚少汉人的身影。和索朗仁青认识后，我随即展开调查：绘制寺院平面图和各式各样的贡品（多玛），收集仪式用的文本，了解仪式的程序和出场的角色，观看壁画上的故事。5月15、16日两天，我在数万人的表演现场做参与观察。当时没有摄像机，只能一边看一边问，一边画草图一边拍照。活动过后，我又在一年中做后续调查，经常住到桑耶寺的藏医诊所，和索朗仁青一起翻译仪式用的经文，这是“中国地方戏与仪式”研究计划所要求的，也是张光直先生所强调的。他指出：中国学者若能以其丰富的历史文献来补充田野调查，将为人类学提供新的思想和方法。

经过1年的努力，我完成了《西藏山南扎囊县桑耶寺多德大典》的写作，经过专家评审，列入“中国地方戏与仪式”丛书，在台湾出版。在此基础上，我又在上海三联书店出版了《藏密仪式表演的实地考察》[①]。其中“实地研究”的说法，来自藏学家李安宅先生的著作《藏族宗教史之实地研究》[②]，这本书我曾反复钻研，受益匪浅。后来读了四川大学藏学研究所陈波先生的论著《李安宅与华西学派人类学》[③]，才发现自己幸运地跟随了一位大家的脚步。此前我调查大花苗，积累了大量一手资料，却没有形成研究的思路。而桑耶寺的调查则成了一个转折点。其实，无论中外的人类学者，大都有一部田野民族志奠定基础。若没有做过这个功夫，在这个领域是立不住脚的。桑耶寺的调查和写作，让我获得了进入这门学科的资格。另外，我的写作没有按照通常的套路——用西方人类学的理论去解读桑耶寺的现实，而是试图去寻找藏人自己的解释。在仪式过程中，我发现一个处置“灵嘎”的细节，便向寺院的经师、索朗仁青和西藏社科院的学者讨教。结果，这个细节把我引向一个深刻的主题：“羌姆”是一出死亡教育的戏剧。中外的研究者因缺乏认识，便把“羌姆”当成一个与“傩”类似的驱邪仪式。每年参加祭典的僧侣和百姓也不会对

①郭净：《藏密仪式表演的实地考察》，上海三联书店1998年版。
②李安宅：《藏族宗教史之实地研究》，中国藏学出版社1989年版。
③陈波：《李安宅与华西学派人类学》，巴蜀书社2010年版。

外人提及这个道理，是因为这是藏族人人皆知的常识。所以我从中得到一个教训：人类学者从调查他者文化中应该学到的并不是外人附加的高深哲理，而是当地人持有的基本理念。我参加过很多研究生的开题和答辩，其中理论分析的部分，通常只有学者讲的东西，似乎被研究的民族从来没有自己的思想。这个觉察让我深受刺激。我希望未来能像张承志那样，不为学术界，而是为接纳自己的那个民族写一本书。

1995年初，荆德新老师退休，我被从西藏召回，接任历史研究所所长。在几年间，所里的老学者陆续退休，搞近现代史的只剩下牛鸿斌和蒋文中两个后辈，而蒋文中的兴趣又转向了茶文化。于是我和副所长段玉明商量，再跟全所人员反复讨论，为这个老所寻找新的发展点。此时，段玉明已经发表了他的代表著作《中国寺庙文化》①，在宗教研究上打开了新的方向；调入历史研究所的年轻人李晓岑毕业于中国科技大学，正热衷于云南青铜器、造纸术等科技史的研究；从东南亚研究所调来的申旭主攻跨境民族研究；年纪较大的王懿之一直在研究傣族。要把这几个不同的方向拢到一起，最好是用文化史来整合。这期间，我在与香港学者交流中，又了解到华南学派兴起的情况。最早是耶鲁大学的华人学者晓凤霞教授等人牵头，把香港大学、香港科技大学、香港中文大学和广东中山大学的人类学者和历史学者聚到一起，用历史人类学的视角探讨两广、江西、贵州等地区的文化变迁，将之称为华南研究，并创办了《历史人类学刊》。受其启发，我也感觉到有必要把西南地区视为一个文化区域，运用历史（历时）和人类学（共时）结合的方法去开拓新的研究领域。当时，我和段玉明讨论较多的是如何借用一份学术刊物来做这件事。原来历史所的《研究集刊》办了多年，大大推动了云南近现代史的

①段玉明：《中国寺庙文化》，上海人民出版社1994年版。

研究。可惜这份颇有影响的刊物一直没有转为公开出版，因院里的资助断了而停办。我们商定，新做一份学术杂志《中国西南文化研究》，争取到院里每年资助出版一本。而段玉明利用他的关系，把四川的几位学者聘为编委，说服他们为这个没有名气的刊物写稿。从此，《中国西南文化研究》坚持一年出一期，维持到现在。但由于眼界和能力的限制，我们当初希望整合西南学术力量的构想未能实现，反而是四川学者延续费孝通先生"藏彝走廊"的思路，步步深入，形成了整合西南文化的一个新学派。直到今天，云南的学者始终未能跨越地域的局限，找到云南文化与周边文化（如喜马拉雅文化带、"藏彝走廊"、东南亚文化、诺米亚文化圈）的内在联系，把关于云南的研究扩展为有独特文化特征的区域性研究，这还有待后人的努力。

自20世纪90年代以来，在单项的文化研究上，历史研究所的学者取得了一些重要的成果。段玉明在上海出版的《中国寺庙文化》将经济、游乐、戏剧等因素纳入寺庙空间的探索中，成为宗教研究领域具有突破性的代表作。此前，我也在上海出版了《中国面具文化》[①]一书，该书从时间、空间两个维度对中国面具的历史、表现形式、宗教内涵、美学特征做了概括性的论述。特别要提到的是年轻的学者李晓岑，他毕业于中国科技大学，专业兴趣是云南科技史。他将科学的技术分析方法引入历史研究，在当时还很新颖，与历史所传统的研究方向也不一致。我和段玉明担任所领导期间，在他一时还没有显著成果出来的时候给予了很多鼓励。经过一段时间，李晓岑的才华和钻研精神逐渐显露出来，在云南青铜器的化学成分分析、云南手工造纸、云南科技史等方面取得了一系列成果。后来他考上北京科技大学的博士，现已成为中国科技史研究的领军人物。喜欢摄影的申旭则对历史所和院图书馆收藏的20世纪50—70年代民

①郭净：《中国面具文化》，上海人民出版社1992年版。

族调查的文献和照片感兴趣。经过商议，我们决定从所里的经费中拿出3000元，对部分民族调查照片进行复制整理。由于当时条件所限，所里没有能力把这一项目延续下去。但这个尝试，启发了院领导和其他部门在今后开展这一领域的工作。而申旭则以个人的努力，收集了大量资料，并对部分文献做了分类整理的工作。

早在20世纪90年代初，我院就有一批年轻学者投身社会公益事业，成为云南省扶贫、性别、艾滋病等研究领域的开创者。他们的作为，对我产生了很大影响。到1999年，美国大自然保护协会（TNC）与云南省政府合作，发起“滇西北大河流域保护与行动计划”，我院由何耀华院长挂帅，组织大批学者参与该项目的文化调查。我担任迪庆藏族自治州的调查组组长，与章中云、和建华、王晓松、刘志群、尹红旗、张实、苏雄娟等学者一道，为迪庆的文化保护拟订方案。在此之前，我于1997年考入云南大学民族史专业，在何耀华教授的指导下攻读博士，调查对象为德钦县的卡瓦格博雪山。在这样一个大的氛围中，我将关注点聚焦在藏区文化和环境的相互关系方面。经过多年的田野调查，我在博士论文的基础上，完成了《雪山之书》[①]。该书对藏族的环境观念和相关的实践做了细致的探讨，在藏族民众中产生了一定的反响。在写作这本书的同时，我还和德钦卡瓦格博文化社的此里卓玛合作，摄制了系列纪录片《卡瓦格博传奇》，该片先后于2005年和2007年在日本山形国际纪录片电影节展映。

除了做学术研究之外，我还向社科院其他学者学习，致力于与影像相关的公益事业。2000年，我和历史研究所的和渊、民族研究所的章中云在福特基金会的资助下，在迪庆州开展了“社区影视教育”活动。2003年我调到云南省博物馆任馆长期间，又和社科院、云南大学、云南民族大学和云南艺术学院的学者合作，

①郭净：《雪山之书》，云南人民出版社2012年版。

创办了“云之南纪录影像展”。2005年我回到社科院，我们又以“白玛山地文化研究中心”的名义，将这个影像展持续办到2013年。这段经历，激发了我对纪录影像的研究兴趣。在历史所新任所长杜娟的激励下，我和徐菡、徐何珊一起完成了《云南纪录影像口述史》[①]的访谈和写作，列入历史所“云南专史丛书”出版。这部著作的立意是探讨20世纪90年代中国影视人类学学科创立的过程，以及在这一过程中个人和体制微妙的互动关系。之后，我组织了一个业余的小团队，又完成了《中国民族志电影先行者口述史》[②]的研究。这两项个案研究，串起了20世纪50年代至今中国影视人类学的演变历程。

从事文化史研究，对我影响最大的当为张光直先生。他认为，中国学者要对社会科学做出贡献就必须致力于文献和田野调查的结合。我本科学的是历史，本来有可能成为一个故纸堆里的书虫，但人类学把我吸引到野外，改造了我的身体，也锤炼了我的心智。在历史和人类学的交接点上，历史人类学是一门非常适合中国国情的学科，张光直先生可以说是这一学科最早的倡导人之一。“华南研究学派”的兴起，就得到这门学科的理论助力。云南年轻一辈的历史学者，如果能及时补上田野调查这一课，就能掌握上山下海的两套本领，使自己的学术研究超越云南的地域，焕发出理论的光辉。

（郭净，云南省社会科学院历史、文献研究所研究员，曾任云南省社会科学院历史所所长）

---

①郭净、徐菡、徐何珊：《云南纪录影像口述史》，云南人民出版社2013年版。

②郭净主编：《中国民族志电影口述史》，云南人民出版社2015年版。

我的历史研究所记忆

段玉明

1987年硕士研究生毕业后，我进入了云南省社会科学院历史研究所工作。知道历史研究所建所很早，云南省社会科学院就是在它的基础上发展起来的，临毕业时我便决定在那工作。那年，所里同时进了郭净、单文、王文成和我4个年轻人。原来以老一代为主的研究群体，因为我们的同时到来，忽然有了一些年轻的气象。

读研究生时，我的主攻方向是宋史，尤其是南宋晚期历史。另外，对古代下层社会的生活以及泛宗教文化也都颇有兴趣。到了历史研究所，老所长要我改变研究方向，把重心放在云南历史上，因为我们是地方社科院，要为地方建设服务，全国性的问题留给中国社会科学院去研究。当时，所里的研究强项是云南军阀史与近现代史，以谢本书老师带队，荆德新、孙代兴、龙永行、蒋中礼等老师以及牛鸿斌兄都在这个研究团队里（王文成兄后来也加入了这个团队），取得了很多颇有影响的研究成果。但在参与了《中国近代军阀史词典》云南部分词条的编写后，我发现我不可能在这个领域有所成就，系列的云南军阀传记、杜文秀起义、“一二·一”运动等等都已有了堪称经典的专著。我加入进去，至多就是一个修修补补的小工而已，想要有大的突破几乎是不可能的。于是，我决定转向研究大理国史，一者因它属于云南地方史的范畴，二者因我有学习研究宋史的背景。单文兄的主攻方向一直是南诏史，对南诏大理的研究状况比我了解。征求他的意见，说是非常困难，资料太少，劝我另改方向，因为方国瑜先生他们一辈子都没有能够取得多少突破。我的想法恰好相反，正因如此，做它才很安全。连方先生他们都做不出来，像我这样的无名小辈做不出来，别人不会责备到哪里去。倘若有幸做了出来，当然就是对云南历史研究的重大贡献，岂不比通行的“砍大树”更能成名？但单文兄说得不错，等真正进入研究状态后，我才体会到了它的难处。资料很少是意料中的事，由于科研经费不足，想要外出考察或查找材料也都举步维艰。吭吭哧哧了10多年，就像是在沼泽地里跋涉，从非常艰难到渐入佳境，总算写出了一部几十万字的稿子，并申请到了国家社科基金的资助。虽然仍有很多问题，但此书的确是填补了云南地方史研究的空白，故被海内外许多大学与科研机构列为重要的参考著述。扪心自问，倘不来历史研究所工作，我会研究大理国历史吗？答案为否。所以，《大理国史》是被历史研究所“逼”出来的，被老所长他们“逼”出来的。为此，我要感谢他们！感谢历史研究所！做学问，有时真的要逼，自己逼，被别人逼，被项目逼，否则就会放任自流、避难就易。

虽然在云南地方史上找到了立足点，但我对古代下层社会以及泛宗教文化的兴趣并未减退。利用毕业前在四川大学图书馆收集的一些材料，我同时开始了对中国古代市井文化的研究。因为直接反映古代下层社会的材料很少，而正史、野史与笔记、文集又大多出自精英人士之手，带有明显的社会歧视，于是我决定采用艺术社会学的方法，借助古代的民间曲艺底本还原他们的生活与观念，最终写成了《中国市井文化与传统曲艺》一书。稍后，接受西南文化研究书系的约稿，在《寺庙与中国文化》这本小册子的基础上，我又写了《西南寺庙文化》一书，尝试用底层的、跨宗教的、跨学科的视角观照西南地区的宗教文化实情。这两本书在选题与方法上都很另类，与传统的史学研究大相径庭。那时，郭净兄正在研究中国的面具文化。我们两人作为“不务正业”的典型，时不时会被老所长他们有一句没一句地敲打。为此，我曾与郭净兄议论这事，我们到底该不该回归“正业”，专心致志地做云南地方史研究。他的意见是，自己喜欢就做，别人要说什么让他们说。还好，我们的书出版后，得到了院里的充分肯定，老所长他们也就不好再说什么了。于是，我又再接再厉地写了《中国寺庙文化》《中国寺庙文化论》等系列著作，郭净兄则写了他的《傩：驱鬼、逐疫、酬神》《心灵的面具》等系列著作。受到我们影响，所里的研究风气也开始发生转变，年轻人不再局限于旧的云南地方史课题，有了更多的研究选择，唐宋经济、民族科技、滇西抗战、普洱茶史、民族女性、跨境民族、国别研究等等都被纳入所里的研究视野，只要有兴趣、有项目。在云南社会科学院，历史研究所的资历虽然很老，但研究对象却颇尴尬，民族、文献、哲学、文学、经济等曾经的研究对象，在院成立后都被相关的研究所分走，留给历史研究所的也就只有近现代历史比较明确。但当云南军阀史、杜文秀起义、“一二·一”运动等老课题已被研究得几无剩余时，过于狭窄的研究对象就成了历史研究所的死结。所以，拓宽研究范围应是当时历史研究所的一种突围。到《中国西南文化研究》第一辑出版，历史研究所的研究对象事实上已经拓展成了非常宽泛的“西南文化”。

老所长他们退休后，历史研究所的接力棒传到郭净和我手上。因为经费不足（每人每年仅有500元左右的科研经费，想要外出参加一次学术会议都不够），又没有大型的研究项目把大家拢在一起（多卷本《云南通史》是院长直接抓的项目），所以历史研究所基本上是各自为政。我们虽然也做了一些努力，得到院里的支持，在全国率先成立了无形文化保护与研究中心，计划在全省建立几个保护与研究基地，探索无形文化保护与研究的策略，但实际工作最终没能展开。针对世贸谈判渐近成功，我们也试图举办一个WTO基本规则培训班，既为所里找事，也为所里创收，而这却超出了历史研究所的职责权限，那是省政府直属研究单位才有的资格。我们还计划过一些别的事情，都因种种原因没能做成。所以，事实上我们只能维持历史研究所的现状。唯一的工作重点，就是在院长领导下抓好多卷本《云南通史》的编写工作。这项工作拖的时间很长（跨越了老所长、郭净、我和颜恩泉几任所领导），参加的人也很多（除了所外人员，所里大部分人都参加了），前后修改了几次（第一卷因不合总体要求，甚至在初稿出来后又重新找人撰写），十分折腾。后来的书评誉其为“十年磨一剑”一点都不夸张，乃至不止10年（从1992年立项到2011年正式出版，前后有19年之长）。项目启动时，我还是一位助理研究员，到书出版，我都已经离开了云南省社会科学院。此外，已将《研究集刊》改为《中国西南文化研究》。《研究集刊》创办于20世纪80年代初，是历史研究所主编的一份颇有影响的内部刊物。维持到90年代中期，由于新闻出版规则的变化，内部刊物不能再作为印刷品邮寄，而只能作为包裹邮寄，成本加大，超出了所里能够承担的预算。同时，内部刊物在学界的影响力也已降低，很多单位的成果统计中已不把它作为参数，影响了刊物来稿的质量。而且以年鉴学派、古史辨派的事例，一种刊物最好能有一个相对集中的研究主题，让自己的刊物在众多的学术刊物中脱颖而出。郭净兄与我商议，干脆把它改为以号代刊的公开出版物，并参照所里大多数人的研究情况，将其定为“西南文化研究”。得到时任院长的支持，《中国西南文化研究》于1996年正式出版了第一辑。不想将其办为所内的福利出版物，我们邀约了一批西南学者为我们撰稿，又成立了一个跨省的编辑委员会。到第三辑，由我执笔写了一篇《〈中国西南文化研究〉致语》，系统阐述了该出版物“以云、贵、川、渝为主，兼及西藏、广西”的大西南视角，还原古代文、史、哲不分的大历史观，以及“提倡以文献材料、考古材料以及人类学调查材料三重证据研究西南社会历史，而尤其欢迎利用少数民族自己的文献材料”的研究方法，以便在研究对象与方法上统一来稿。得到西南各地学者的支持，到第三辑出版后，《中国西南文化研究》在海内外已经有了一定影响，中国图书进出口公司专门来函索购70余套，大陆、港台也有学者来信索取，最终完成了把《研究集刊》这一内部刊物转向《中国西南文化研究》这一公开出版物的设想。

在历史研究所工作的10多年，是我学习和工作最有成就的时期。自诩一生开辟的市井文化、大理国史与寺庙文化3个研究领域，无不发轫于这一时期。所以，它虽不是我学术生涯的全部，却称得上是我最值得记忆的经历。感谢历史研究所宽松的学术研究环境，并以此预祝它继往开来、再创辉煌！

（段玉明，四川大学道教与宗教文化研究所教授，曾任云南省社会科学院历史所所长）

茗淡杯香三十年　史海浮舟又一春

——我与历史研究所三十年

蒋文中

时光如梭，蓦然回首，少年将白头。回顾在历史研究所的30年，仿佛弹指一挥间，能回忆起的事并不多，只有点点滴滴，如碎片，也如流云；能贯穿起来的东西，怎么也寻不出半点轰轰烈烈，只如涓涓流水，平平淡淡，似乎只有日复一日、年复一年的阅读、思考、写作。写出的东西，除发表、出版过的文章、著作有刊登出版的日期，如年轮般的记忆外，一切都如雁过寒潭而不留影，风吹疏竹而不留声，倒是那一张张曾共事过的前辈们的脸，那些熟悉的音容笑貌，难以忘记。尽管他们，有的已离世，有的已退休多年，有的已离开这个城市，难再相见，但仿佛他们还在，走进办公室还能见到他们。

我1986年到云南省社会科学院历史研究所工作至今，是少有的没挪过窝的人，用同事戏谑的玩笑话是“六朝元老”，是铁了心把“楼底坐穿”的那种人。“六朝元老”大概是指经历了从谢本书、荆德新、郭净、颜恩泉、胡华生老所长到现任所长杜娟，“楼底坐穿”则指的是这30年来，所里人才辈出，来的来去的去，有的升迁到别的部门或单位，有的出国或另有高就，而我因能力所限，只能老老实实地待着，大有“生是历史所的人，死是历史所的鬼”的那样一种感觉。

有人问我，这么多年来，为什么不挪个窝？我也问过自己，也有过几次机会，但还是就这样不了了之，也许是惰性使然，也许是从小就喜欢历史。从事历史研究工作，时间越久，越觉自己也成了历史，就像我的同事和前辈们，其实我很喜欢像一位位前辈老师那样，虽成不了历史学家，但那样一种饱读诗书、与世无争的沉静、淡然和宽容，到哪都不讨人厌。也许正是这样一种喜欢，让我在历史研究所工作30年多并将直至退休。

我的书桌墙上挂着一副前辈老师送的对联："若能杯香如茗淡，应得村茶比酒香。"我常常对着这副对联发呆，在那些已发黄的词句中去品味其中的含义，去怀想前辈老师的用意。以前不解其中味，直至渐入不惑之年，方悟出其中含义，做学问，该淡泊名利，平心静气，踏踏实实地去钻研和积累。每当心绪浮躁时，看到这副对联，便想到20多岁刚到历史研究所工作时，当时的谢本书所长和指导我较多的荆德新老师便让我整天整月地蹲在资料室，阅读关于云南近代史的各种档案资料，并常常检查我的笔记和资料卡片。这里顺便说一下，那时没有电脑，也没网络，看资料只能翻故纸堆，记录资料只能做卡片，每天都看得眼发花、抄得手发抖，我忍不住也常问谢本书所长："您又不给我研究方向，整天胡翻杂抄，有什么用呢？"老所长总笑笑说："别急，你想做历史研究，先得看史料、读各种资料，收集并做你认为有价值的资料，多做笔记，自然你会有所发现，找到问题也便是你有研究方向的起始了。"

云南历史研究所创办于1956年，成立的原因主要是为了配合云南少数民族社会历史调查工作。历史研究所从建所起就是从田野调查开始的，自此以后，一代接一代的史学工作者，前赴后继，写下了大量的调查资料，同时与文献研究相结合，将一部部活着的各民族历史社会发展变迁的活化石不断挖掘出来，为抢救整理那些宝贵的少数民族历史做出贡献，为后来者的研究提供了宝贵生动的资料。这种注重田野调查并与文献研究相结合的严谨治学传统，也代代相传至今，成为历史研究所的一大优良传统。

想必谢本书所长和后来的荆德新所长让我大量阅读各方面的文献资料，包括历史研究所前辈们整理的大量民族调查资料和研究成果，便是为了让我尽快学习和继承历史研究所秉承的严谨治学，不断培养求真务实的优良传统。

在阅读、学习、做笔记和思考中，从1964年开始，所里每年1—2期的《研究集刊》给了我相当大的帮助，这部集刊到1995年止，共印了36期（2005年后改为《中国西南文化研究》，由云南科技出版社和云南人民出版社出版迄今），登载了大量前辈们对云南民族与历史及对南亚、东南亚的调查研究成果，内容涉及面宽广而丰富，几乎涵盖了云南民族史、地方史以及对东南亚各国研究的方方面面，每读之习之，犹如史海泛舟，让人惊叹古代、近代到现代云南地方及民族史的丰富和多姿多彩，为前辈们史海钩沉的探索精神而钦佩，也让当时年轻人为能努力学习成为一名史学工作者而自豪。然学海无涯，我该从哪下手选择自己的研究方向呢？我问荆所长，他还是只让我多看多思，并要更多地阅读古籍文献，从中寻找自己的研究领域。

作为一名没有多少研究成果的年轻人，结合自己的情况和谢本书所长及荆德新所长的指导，我先选择了在当时还有很多研究空间的云南近现代史及党史方面的研究。1988年，我收集资料后在《研究集刊》第1期（总第28期）发表了《解放战争时期国民党在云南的军事力量及其变化》，接着在中央党校《党史研究》上发表了《抗战时期党对滇军的统战工作》等，同年还在《研究集刊》总第29期发表了《解放战争中云南各地国民党政权瓦解简况》和在第31期上发表了《党对卢汉进行统战工作的步骤及斗争策略》等。这些研究都得到了云南近现代史专家和老所长谢本书、荆德新、蒋中礼、孙代兴等老师的指导帮助，今天每每思及而常怀念感恩！

从20世纪80年代末，秉承传统，在荆德新所长指导下，当时我和孙大江及现任云南省社会科学院副院长的王文成等年轻人开始从文献研究走向田野调查，我利用在昭通支教锻炼的时间，走遍昭通永善、镇雄巧家及四川金阳、昭觉等县，对龙云、卢汉家谱世系及彝族源流、迁徙进行调查，对基督教在昭通苗族地区的传播等课题进行调查，以口述史及文化人类学的田野方法收集了大量调查资料，同时结合文献档案，分别在1990—1993年的《研究集刊》《云南方志》《云南民族学院学报》《云南师范大学学报》《昭通史志》《曲靖师范学报》上发表了《滇东北及凉山彝族源流迁徙考》、《龙云家谱及其青少年时期研究》、《基督教在滇东北最早的传播》、《云南少数民族早期婚姻形态研究》、《论婚姻与云南少数民族人口对社会的发展关系》、《胡若愚》（《民国高级将领传》，解放军出版社1993年版）、《从蒙自土司到广东都督的龙济光》（《云南近现代风云人物录》，云南美术出版社1994年版）等调研报告及论文。同时，积极参加全国及国际学术会议并于1993年发表《论基督教在云南的传播》（《教案与近代中国》，中国教案学术讨论会文集，贵州人民出版社1993年版）、《从云南民俗文化看中国古代亲族关系之社会结构》（《中国西南文化研究》，云南民族出版社1998年版）、《云南民族饮食习俗和文化积淀》（《中国西南文化研究》，云南民族出版社1999年版）等。

整个20世纪90年代及之后，经常性的田野调查工作让我获得的锻炼和进步特别大，成果也特别多，虽然当时面对当地秋冬寒冷潮湿、春夏泥泞跋涉艰苦的条件及做田野工作的各种困难，也抱怨过所领导，但后来发现，没有从文本到田野、从文献研究到口述史的调研，是出不了有质量的成果的，是做不好史学研究的。田野和文献工作让我受益匪浅，也深深体会到了当时荆所长、蒋中礼副所长和支部书记孙代兴等前辈对我们年轻后生成长的关怀，也认识到他们希望将文献与田野相结合严谨认真治学的历史研究所优良传统传承的良苦用心。今天，在杜娟所长的带领下，年轻的博士们展开对滇越铁路及南方丝路口述史的田野调研，同样是这一优良传统的传承。

20世纪90年代后，随着改革开放的进一步深入，为适应跟上以经济建设为中心的重心转移，历史研究所的研究也开始转向以经济史为重点的研究，我的研究方向也逐步寻求对历史文化基础研究服务于云南现代化建设的应用研究上来。结合自己的研究，在向前辈学习过程中，我个人领会到的史学为社会主义现代化建设服务应体现在三个方面：一是弘扬中国优秀历史文化传统的爱国主义教育；二是以史为鉴，挖掘历史经验为云南社会经济发展建设提供学术和决策帮助；三是为巩固民族团结和边疆安定而服务。在这一阶段，我参加了院里组织的回族乡情调查、杜文秀起义及民国云南名人研究等课题，参加所里先后组织的爱国主义与历史教育及云南交通与经济发展等课题研究，并先后在《云南社会科学》及《研究集刊》发表了如《历史与爱国主义教育研究综述》、《试论大理政权的工商业政策》、《论云南古代交通与经济的发展》、《加强云南旅游业的规划与扶持》（中央党史出版社2000年11月出版）、《老牌主题公园如何走出困境》（《云南社会科学》2005年第3期）、《古代交通与云南经济发展的历史轨迹》（《历史文化资源研究》，云南省史学会论集，云南教育出版社1994年版）、《论云南古代交通与经济的发展》（《研究集刊》1995年第36辑，共0.94万字）、《五四时期离婚热与中国妇女地位的嬗变》（《云南社会学》1995年第2期）、《悠悠古道滇藏路》（《云南史志》1998年第3期）、《略论建设云南民族文化大省的理论内涵及建设方案》（《云南文史丛刊》1998年第4

期）、《世博会的产生、发展和历史变迁》（《史与志》1998年第3期）、《云南旅游支柱产业的定位及其发展》（《史与志》1999年第2期）、《跨世纪的腾飞——改革开放与云南旅游业的发展》（《云南社科动态》1998年第3期、第4期）、《对中国当代离婚热的社会学思考》（《云南社科动态》1999年第4期）等相关论文及课题。

2000年以后，新办公楼落成后，历史研究所也从气象路45号院老办公楼搬到了环城西路577号，新办公室宽敞多了，还建起了所图书室，所务秘书朱家丽老大姐和图书室宋琦大姐每天早早就到所里打扫卫生、放好桌椅、烧好开水等着大家的到来。大家常常喜欢在图书室查资料讨论交流，气氛特别融洽，周五学习讨论也很热烈，甚至常常争得面红耳赤，也常常互开玩笑，但从不会影响团结，历史研究所传统中那种知无不言、言无不尽，那种团结一致、严肃又不失活泼的气氛一直保留到今天。特别是一起下乡调研考察，一起参加各种学术会议，参加集体劳动，都是齐齐整整的，每一次活动后都会留下很多故事，以促谈兴和酒兴。

所里每年组织的调研活动，途中车上就如开研讨会，又别有一番景象。老同志们从不摆老资格，而且都很幽默，与年轻人不分彼此，特别是荆所长的诙谐、蒋中礼的持重、孙代兴的健谈、王懿之的豪放、龙永行的铿锵、夏光辅和牛鸿滨的幽默、段一民的博学、郭净的学究、朱家丽和宋琦的周到后勤服务，让每次出行中的讨论都给我很多学习和启发。有几次组织的爬山锻炼，同志们艰苦朴素的作风让人敬佩。比如爬轿子雪山和鸡足山，那时都没有汽车公路更无缆车，虽可骑马但大家都坚持步行攀登，而且互帮互助，谈笑风生，晚上在山上集体睡地铺，冷了睡不着，集体出去看星星、等日出，现在想起来真是无比快乐。

记得还有一次去普者黑春游，当年的普者黑，山更清水更秀，大家十分陶醉，划舟赏荷，弄水戏鱼，爱闹的段玉明提议大家兵分两船，上演一场黑白水大战，以段玉明率领的大理国水师与以王懿之率领的滇王国水师做一次跨世纪穿越大战。我参加了滇王国水军。舟行水中，两军分别隐于河塘荷花芦苇丛中，不时向对方发动突袭，相互用水枪水桶将水哗哗喷向敌军。几次交战下来，我方因滇王古国将老兵弱，多次败给更年轻骁勇的大理国战士，于是我方改变战术，充分发挥更习于水性的特长，由我潜至水下，王懿之率船佯装逃跑，我趁机从水下拟将敌船掀翻，不料被敌船发觉，王懿之只得率队返身迎敌，匆促间夏光辅负伤落水，船身倾覆，导致我方全军覆没……这一场跨世纪大战，打得天昏地暗，日薄西山，鬼神为之惊悚，之后大家互为总结补充，由才子段一民口述成一篇完整的“黑白水之战”章回小说，其中少不了又有很多想象的演义和貌似正儿八经的历史诠释考证，很有意思。历史研究所一群搞历史的教授、学者，可以玩得像孩子般开心，而且玩都能玩得那么有才华有文化。

迈入20世纪，历史研究所老、中、青三代结合，人才济济，大家都很努力，成果也特别多，我个人也主持完成了好几项省院重点及青年项目，如《继续发挥世博会场馆功能作用研究》（成果发表在《昆明经济》2000年第3期）、《西部大开发中云南旅游要趋势而上》（《昆明经济》2000年第5期）、《加强云南旅游业的规划与扶持》（成果发表在《云南历史经验与西部大开发》，中央党史出版社2000年12月出版）、《云南旅游业的发展思路和建议》（成果发表在《云南社科动态》2001年第1期）、《云南民族饮食文化与发展旅游餐饮产业》（成果发表在《云南社科动态》2002年第2期）、《发展云南生态旅游餐饮文化产业对策研究》（成果发表在《昆明大学学报》2006年第4期）、《旅游景区可持续发展对策研究》（《昆明社会科学》2005年第1期）、《从官渡古镇看云南近现代商业集镇的发展》（《中国西南文化研究》，云南科技出版社2005年版）等。

2005年是世界反法西斯战争60周年重大纪念年，历史研究所积极组织及参与各种学术研讨，我们也积极撰写论文。我的《中国抗战与滇缅公路》（发表在纪念反法西斯战争60周年学术研讨会论文集，2005年版）；《抗日丰碑：滇缅公路》（收录于2005年8月出版的腾冲国际反法西斯战争60周年学术研讨会论文集中）；《中国对外交通与滇缅公路》（发表在《昆明社会科学》2005年第4期）；等。

时光如梭，至2000年末，荆德新所长卸任，由郭净继任所长，段玉明也在香港中文大学读完博士之后去了四川大学，蒋中礼副所长及孙代兴、龙永行、夏光辅、王懿之等老同志也先后退休。同时，也有新同志补充进所里，特别是颜恩泉、钱稳林、申旭的到来，还有第一个博士李桂英及侯冲、李晓岑等同志的到来，让历史研究所又增添了新的活力。

2000年世纪之交后，一个以信息化和全球化为主要特征的知识经济时代迅猛崛起，随着互联网、计算机技术的发展，大数据时代对历史研究的冲击在所难免，历史学也面临挑战与机遇并存的命运。在内容庞大、功能多样的数据库的与日俱增下，历史研究所传统史学研究面对的挑战也加大，在研究方法及多学科立体式交叉推进中，我们要学习的知识很多，计算机、互联网技术学习把大家折腾得够呛。

2000—2010年大家紧跟互联网步伐，努力学习新的研究方法及多学科知识。我们的研究正面临着不断的挑战。首先是在历史研究所过去研究的四大领域——中国云南地方古代史、近现代史、民族史和边疆史方面课题的申报越来越难，社会对经济和现时领域更加关注，使我们不得不对形势和当前诸多现时问题研究重视起来，大的如环境史、交通史、城市史、区域史、灾异史，小的如一些应用对策研究等，而这些研究往往更多还是因课题申报及经费困难被打乱。郭净任所长时，曾经就所里发展布局方面有过很好的规划，曾建立3个研究室（古代史研究室、近代史研究室、地方史研究室）和1个中心（非遗文化研究中心），但郭净不久调云南省博物馆任馆长、颜恩泉代所长后，王懿之等老同志全部退休，虽有康春华、顾胜华博士、刘鸿燕硕士等年轻同志加入，但研究力量大不如前，很多研究工作展开缓慢。尽管如此，我与全所同事还是在努力学习中跟上形势，结合省内外发展迅速各项建设文化需求，在颜恩泉所长主持下，经院里批准，将原《研究集刊》改为《中国西南文化研究》，并组织编写《乡土云南》，努力研究、挖掘云南地方历史和民族文化，为云南的发展做贡献。

为配合所里研究重心的调整，我在继续做好地方史和民族学基础研究的同时，逐步把精力放在用历史和民族文化为云南旅游业、茶产业和文化产业服务的应用研究上来，以此为云南现代化建设出一份力，先后负责完成一些省、院级课题。随着个人研究的积累，特别对历史文化基础研究服务于云南旅游产业及茶文化产业建设的应用研究上，我出专著的时机不断成熟，先后出版了《走进世博会》（云南人民出版社1998年版）、《走进西部·云南》（云南教育出版社2001年版）、《云南民族文化旅游》（中国旅游教育出版社2005年版）、《中国普洱茶》（中国水利水电出版社2006年版）、《中华普洱茶文化百科》（云南科技出版社2006年版）、《云南民族文化探源》（中国社会科学出版社2007年版）、《导游语言艺术一本通》（旅游教育出版社2007年版）、《八荣八耻故事新编》（云南科技出版社2006年版）、《云南民族民间手工艺品》（云南科技出版社2006年版）、《致富项目金点子》（云南科技出版社2006年版）、《爱随茶香》（云南人民出版社2007年版）、《古茶乡韵》（云南科技出版社2008年版）、《旅游职业经理人实务丛书》（云南民族出版社2003年版）、《旅行社外联部工作实务》（旅游教育出版社

2006年版）、《旅行社导游部工作实务》（旅游教育出版社2006年版）等，并主编了《云南普洱茶》（云南科技出版社2008年版）、《中国普洱茶百科全书》（云南科技出版社2007年版）、《云茶大典》（云南民族出版社2008年版）等，为云南旅游业和茶产业大发展贡献了一分力量。

因这些努力，得到了院里及社会的肯定。2003年我破格获（历史研究）副研究员职称，2006年又破格获（民族研究）研究员职称。在社会荣誉方面，我于2004年获国家职业技术培训高级考评员；2005年当选为云南民族茶文化研究会副秘书长、学术委员会主任；2006年受聘为云南财经大学硕士生导师；2007年当选为中国国际茶文化研究会理事，中国茶文化研究中心、中国茶马古道研究中心理事；2008年被中国国际茶文化研究会和中国茶业流通协会评选为中国茶文化知名专家并收入《中国茶业2008—2009年鉴专家名录传》；2008年在中国国际品牌协会、中国新闻传播中心举办的2008年中国茶品牌“陆羽奖”评选活动中获评“中国陆羽奖首届国际十大杰出贡献茶人”称号；2008—2012年，两次被评为省及社科院先进工作者；2010年被云南省社科联评选为“优秀科研工作者”，载入《2010年云南省社科年鉴·科研人物传》；等。

个人的成长与院及所里领导的关心及同人的帮助是分不开的。2006年前后，胡华生同志任所长期间，院里将历史研究所和文献研究所合并为历史、文献研究所，刘景毛、江燕、顾胜华等同志的加入，加强了所里的科研力量。2009年，胡华生所长退休，杜娟继任所长，直至2020年的今天，在杜娟所长的带领下，在院分管领导的不断指导下，历史、文献研究所迎来了一个新的大发展时期，在与时俱进和杜娟所长狠抓管理和加大科研创新的布置督促下，各项工作均有较大改变和推进。

作为一名还在历史研究所的老职工，我个人的感觉是在这一新的发展时期，既有压力也有动力，既有困难也有机遇。在史学研究上，一方面是在伟大的中华民族复兴中，史学越来越受到重视；另一方面是随着国内外学术交流大大加强，大数据、网络化等运用到研究中，为史学研究提供了全新的方法和手段，也为我们科研工作的创新和突破提出更高的要求。总结以往，可更好面向未来。

这些年来，个人研究最大的体会有以下几点。

一是在资料、研究和方法上需有所创新和突破。新资料的发现有助于推动学科发展及对未知领域研究的推进。这一新时期，从全国看，中国史研究十分活跃，研究开始呈现立体式推进，政治史、制度史、经济史、军事史等传统领域的研究日趋深入，在新资料、新领域和新视角方面取得巨大进展，特别是古代史研究进展都与近年考古发现、出土文献、古文书、墓志、族谱等大量涌现有关，如清华大学藏战国简、北京大学藏汉简、岳麓书院藏秦简、走马楼吴简等简帛资料的出版，促进了相关领域研究。大量文献和考古新材料的出土，为重新认识上古史提供了新的契机。对此，结合我个人始终致力的云南对外交通贸易史研究，抓住云南历史上最活跃并从古代持续到近现代的茶马贸易现象，从潜心做文献研究入手，从2009年至2014年，用5年的时间将历史上云南茶与交通贸易的有关史料进行了全面深入系统地收集和整理，并结合田野调查考证，完成了25万字的文献考释，其中的《茶马古道文献考释》于2014年由云南人民出版社出版。这些对文献所做的深入发掘工作，为我的研究带来了很大推动，2005年出版的《茶马古道研究》（“云南专史丛书”之一）及之后有关“一带一路”的研究，均得益于此，也为我下一步在通过史学上的追本溯源，为撰写《云南茶史》打下基础，以此为构建中国云南茶史及茶文化在学界的话语体系贡献自己的力量。

二是我们在传统领域历史学与文献学相结合中，新领域和新学科不断开辟、拓展和建立，为研究历史提供了新视角。随着院里和杜娟所长人才引进及新研究方法的使用，考古学、社会学、人类学、民俗学等人文社会科学方法相互渗透，新研究方式逐渐推广，学科多平台、多中心的构筑以及协同科研方式得以不断提高，改变了以前平台少、单中心的局面，使同一领域或主题的交流日常化，不断促进了学术研究的进步。在新领域的开辟上，我与文化产业及茶产业多方合作完成一些新领域和新学科的合作项目，如主编并参加撰写云南省农业厅等委托的《云茶大典·新编》（云南民族出版社2016年6月出版），参与《云茶千亿产业十三五规划》（云南省农业厅茶叶产业办公室项目），编著省文产办委托《云南特色文化产业丛书·茶艺卷》（云南人民出版社2015年版），与行业合作研究如《从地理证明商标看普洱茶的品牌征程》（成果发表在《昆明社科研究》2008第3期）、《从茶城看茶文化产业的建设》（成果发表在《昆明社科研究》2009第4期）等。

三是对多元化交流合作方面进展加大应对。如云南地方史研究已不仅越出云南范围，注重与中原和国外历史的比较研究和互相交流，且注重在不同阶段将地方史与南亚东南亚历史进行对比，用于在“一带一路”和发挥云南辐射中心研究中探索人类历史的共同规律以及文化传播途径。在对这方面的研究中，为响应国家“一带一路”建设和发挥云南辐射中心作用，我和所里同志一道积极参加南亚智库论坛，提交“第一届中国—南亚智库论坛”学术会议论文《用茶马古道扩大“一带一路”国际经济文化的交流》。参与完成院级课题“发挥昆曼公路文化纽带作用对策研究”及“云南与南亚东南亚文化交流与合作研究”，完成个人承担的调研报告《发挥云南茶文化优势，加强与南亚东南亚文化交流与合作》《茶文化在昆曼公路文化建设中的对策及措施》等。在《云南智库要报》及《云南智库建言献策》撰写多篇稿子，其中，《将丝绸之路的“旧边缘”转变为“新前沿”》在《云南智库建言献策》第22期上发表。在多元化交流上，杜娟所长鼓励所里同志纷纷走出去参加学术会和访学，开阔了视野，增进了学术交流。

四是在横向扩展研究上，结合个人在云南交通贸易史方面的研究，还把由商业活动带来的包括周边文明与中原文明、汉族与沿边民族文化的交流融合等作为课题，并在研究方法上，由原先重中原文明的传播和周边民族“汉化”，转向关注多种文化之间的互动、少数民族与汉族文化的相互影响，以此对各文化之间的互动做更全面的解析。此外，由于近现代中国历史学在很大程度上是传统史学与西方方法相结合的结果，许多理论和术语源于西方，导致中国学者在国际交流中处于不利地位。在国内，基本是从中原主流文化中心看边地文化，要改变这一状况，必须充分认识边疆民族历史的独特性。因此，我个人结合茶史和茶马古道研究，在已出版的《中国普洱茶》《中华普洱茶文化百科》《茶马古道研究》《云上的茶路》等专著及发表的《普洱茶得名历史考证》（《云南社会科学》2012第5期）、《茶马贸易与汉藏民族关系》、《普洱茶与清代滇藏贸易》、《茶的政治功用与固边大政》（《中国西南文化研究》，云南人民出版社2014年版）等文章的基础上，梳理中国茶文化的脉络，构建对云南茶的历史和认识体系，确立茶史和云南民族茶文化的话语权，目的是从全球视角下考察中国茶在世界历史上的传播，通过茶文化评估中华文明在世界史上的独特地位及其影响。

2015年是中国人民抗日战争暨世界反法西斯战争胜利70周年，对推动中国抗日战争史研究又是一次重要契机。我所将《中国西南文化研究》与云南省党史研究室和高校联合开设专栏，举办学术活动和相关纪念活动，较为集中地发表该题材文章，充分阐述中国人民抗日战争在世界反法西斯战争中的重要作用，涉及面广泛，且不乏亮点。对二战史进行了多维度、多视角的审视，较以往有明显推进。我也同大家一道，积极撰写发表论文，如《中国抗战与对外通道》《抗日战争中西南古道上的商帮》等。

2015年是“十二五”规划的收官之年，也是“十三五”规划的布局之年。对历史研究所来说也是变化较大的一个新旧交替的时期，作为一个地方的科研院所，青年工作者逐步增多，学术交流增多，多领域齐头并进增多。这些年进入历史研究所的年轻人基本都是博士研究生，他们的加入给所里增添了活力，也注入了研究的新空气，新视角不断涌现，大数据精细化程度有所提高。在杜娟所长率领下，举全所之力编撰的《云南大百科全书·历史卷》涉及中国云南历史发展历程及相关多方面、多层次的问题，参与它的编撰对大家的锻炼和提高很大，研究随词条的撰写也更系统、深入。学术交流的拓广和加深，为所里学术活跃增加了不少助力，我也参加了中国边疆史地、南亚国际论坛、“一带一路”、中韩茶文化等国际学术会议，提交并发表了相关论文，如《清代云南交通、人口地理与经济开发》（《历史地理学的继承与创新暨中国西部边疆安全与历代治理研究论文集》，2014年9月中国地理学会历史地理专业委员会学术研讨会编）、《茶马古道与丝绸之路国际经济文化的交流》（《第一届中韩茶文化与茶产业国际发展战略研究会论文集》，2014年6月贵州大学东盟研究院编）、《古茶树的认识与保护》（《首届中国林学会古树名木学术研讨会论文集》，西南林业大学编）、《用古老的联系发展新的关系——茶马古道的传承与重建》（在“首届泛亚茶马古道马帮文化艺术节暨首届泛亚茶马古道马帮文化高峰论坛”上作专家发言）、《茶叶贸易对边疆民族地区社会发展影响》（在“2014广州南国书香节”上作专家发言）等，努力在国际史学界发出中国云南学者的声音。

2016年是“十三五”规划的开局之年，新的历史时期，对我们每个科研工作者而言是机遇也是挑战，传统理论必须结合创新思想和现代化的视角，才能对史学予以全方位探讨。当然，传统的文献与田野相结合及口述史，同样是对具体问题和个案审视的重要支撑，而由小见大、见微知著研究也才能不断深入。如所里组织的南方丝绸之路的商帮口述史的田野调查，让那些远去的背影不再消失于历史记忆的深处，同样所里参与的“一带一路”与沿线国家和地区经济文化交流等为主题的研究，让历史学“经世致用”的优良传统得到弘扬。

2020年即将到来，我与全所同志以习近平新时代中国特色社会主义思想为指导，在增强“四个意识”、坚定“四个自信”中，努力做好自己的科研工作。三十年弹指一挥间，纵观这些年历史研究之路，与全国各院、所一样，气象各异，既有井喷和潮涌的特定领域，又有相对沉隐而平静的水流，共同合成学术发展的总体景观。学术态势上，就如一篇文章谈到的那样：“出现潮涌与平流陡直相间，是一个醒目特点。在重大历史事件的节点时间，强化历史记忆，引人集中关注，密切结合现实进行回顾、纪念和反思，不断总结历史启示和经验教训，既是史学经世的理当回应，也是学术发展的有效支点。”

回顾我与历史研究所同人走过的路，虽然个人研究工作亦有稳步前进，取得了一些成绩，但与先进者相比，科研基础仍然薄弱，总体研究水平还不高，距离与真正的国际学术对话还有很大差距。但多年来我还能与各位学者们坚持热爱的史学研究，还能按照自己的主攻方向坚持不懈地循此推进，虽“各自为政”，但集点成面，百支汇流，在院、所领导的带领下，并充分给予我们历史研究特有的学术景观和环境，让我们在既有基础上，一定能够在新的未来岁月里继续呈现更新更好的成果。

展望未来，我个人也充满信心，因为我们仍在坚持唯物史观的基础上努力构建有中国特色、云南亮点的历史学科体系。在院里大力推进国际学术交流中，在所里重点项目支撑重点课题，重点课题产出重大成果，重大成果支持社会主义现代化建设中，构筑起一道史学研究与建设社会主义现代化和谐共进的亮丽风景线。

（蒋文中，云南省社会科学院历史、文献研究所研究员）

我在历史研究所的学术成长

孙大江

我于1987年来到历史研究所工作，当时历史研究所下分几个研究室，我记得有近代史研究室、古代史研究室。因为我研究的大学毕业论文写的是明代的宗藩制度，我就申请到古代研究室。历史研究所为我们的学术成长提供了良好的学习交流平台，在所里前辈的教导和帮助下，我开始了自己的研究工作。回顾在历史研究所的治学之路，我感到有5个方面的因素对我的个人成长产生了积极的影响。

一是所里前辈严谨务实的求学精神为我们初到的年轻人树立了榜样。荆德新所长、龙永行老师、孙代兴老师、蒋中礼老师等前辈常常告诉我们要学会坐图书馆，耐得住寂寞才能做好历史研究。所里的前辈们大多是专注一个主题做深入的研究。比如荆德新所长在杜文秀研究方面颇有建树，龙永行老师的中法战争研究成果丰硕，蒋中礼老师几十年专注于“一二·一”运动研究，还有孙代兴老师的云南抗日战争研究等。正是他们用自己的行动为年轻人治学做出了榜样。

二是所里给年轻人提供边学习边做研究的机会，极大地帮助了年轻人的成长。刚进所的时候，我感到茫然，不知应该怎样入手做云南地方史研究，而且觉得应该做中国大历史研究。不知道云南地方史对中国大历史的影响和作用，也就不清楚有什么学术价值。我记得这个时候所里分配我参加《云南词典》人物词条撰写的任务。拿到人物词条以后，我开始有系统地翻阅了有关云南历史研究的基础书籍。《云南简史》《云南各族古代史略》《云南地方沿革史》《云南省志》《新纂云南通志》等就是这个时期认真阅读的书籍。在研读历史书籍的基础上，我完成了词条撰写的第一稿。当时的审稿人是杨名鐺老师。我已记不清楚去找了杨老师多少次，只记得改了很多遍。第一稿每个人物写了很多，超出了词条力求精练的要求，但自己对如何删减没有把握，在杨老师的指导下，逐一对词条进行修改，包括语言上的提炼。最后我编写的人物词条有36条放入了最终出版的《云南词典》。编写云南人物词条为我提供了一个系统学习云南历史、深入了解云南历史人物的机会。如果没有这个编写人物的任务，很难集中时间专心致志地研习云南历史书籍。这种通过具体的科研任务促进学习的方式使我受益良多。

三是所里前辈悉心指导，努力帮助年轻人做好科研。当时所里建立了帮带关系，就是长辈帮助带动年轻人做研究的方式。当时是夏光辅老师与我建立了帮带关系。夏光辅老师那时住在云南大学北院，我去图书馆查资料的时候，常常去他家请教不懂的地方。夏老师每次都热情接待，认真与我探讨，还帮我理出应该学习的有关云南地方史的书目。夏老师建议说昭通在秦汉时期很发达，但是很少见有专门的研究，可以尝试做一点这方面的研究。他推荐我去读曹韵葵的《云南昭通专区的东汉墓清理》[①]《云南昭通县白泥井发现东汉墓》[②]《云南大关、昭通东汉崖墓清理报告》[③]以及孙太初先生《朱提堂狼铜洗考》一文等有关昭通的考古文章。通过与夏老师讨论，我对自己的第一篇论文的主题有了越来越清晰的想法。我开始

①曹韵葵：《云南昭通专区的东汉墓清理》，《考古通讯》1957年第4期。
②曹韵葵：《云南昭通县白泥井发现东汉墓》，《考古》1995年第2期。
③曹韵葵：《云南大关、昭通东汉崖墓清理报告》，《考古》1965年第3期。

尝试着写了一篇有关云南秦汉时期昭通地区社会经济发展的文章。在写作这篇文章的过程中，有3本书给我的启发很多，一本是汪宁生先生的《云南考古》，另一本是方国瑜先生主编的《云南郡县两千年》，还有就是张希鲁先生的《滇东金石记》。在查阅这些书籍有关昭通的记载的同时，对照有关昭通的考古发现的文章，文章的结构和观点已经很清晰了。我的这篇文章从开辟交通道路（秦“五尺道”和西汉“南夷道”）、设立郡县制度和移民垦殖3个方面分析秦汉时期昭通地区社会经济繁荣的原因。稿子完成以后，我本想把文章交给所刊《研究集刊》发表，但是所长荆德新老师看了以后，他给我提了一些修改意见，并鼓励我把文章投到《云南社会科学》。之后我多次与荆所长交流并对文章进行修改。在荆所长的鼓励与帮助下，我的文章《秦汉时期云南昭通地区的社会经济发展》终于在《云南社会科学》发表了，这让我很受鼓舞。

四是所内建立的研究支持平台很好地支持了研究。当时所里有两个资料室，一个在云南大学北院，主要是以古籍等书籍为主；另一个在历史研究所，主要以期刊为主。两个资料室提供了丰富的云南地方史资料和书籍。我读过的很多书籍均来自所里的资料室。比如全套《云南文史资料选辑》、全套《昆明市志长编》、《续云南通志长编》、《新纂云南通志》、《中国西南历史地理考释》等。资料室还保存有20世纪50年代云南各民族社会经济调查资料。这是在云南这个多民族聚居的省份，无论做地方历史研究还是民族学研究都需要阅读的基础资料。我那时经常从云南省社会科学院坐公交车去云南大学北院看书，收获颇多。

当时所里有一个所刊叫《研究集刊》，为我们年轻人“初试牛刀”提供了不可多得的平台。大概是1993年的时候，王丹与我在《研究集刊》上连续翻译了英国人H.R.戴维斯所著的*Yunnan: The Link Between the India and Yangtze River*一书中的部分章节。此书是研究19世纪末的云南社会状况、风土民情的重要参考图书。

由于作者深入到云南许多边远地方，这些地方当时由于交通闭塞甚至内地学者们都从未涉足，因此他取得了许多一手田野调查的珍贵资料，记录了许多风情趣事，对云南各地的民族情况、气候物产、人文地理等做了调查记录。我记得翻译的内容包括云南交通、云南铁路、南坎和勐卯、从勐卯到八莫、从仰光到昔董、腾越厅等。可惜后来由于种种原因，我们没有坚持翻译。且当时我们的翻译速度很慢，其中的一个主要原因是书中地名很多，花很多时间逐一核实准确的中文拼写。直到2001年，才看到云南教育出版社出版了完整的中文版，书名为《云南：联结印度和扬子江的锁链——19世纪一个英国人眼中的云南社会状况及民族风情》。

五是所里大型集体课题《云南通史》，锻炼了我自己做断代史研究的能力。《云南通史》是由原来的老院长何耀华老师牵头，以云南省社会科学院历史研究所为主要研究力量，并整合云南大学、云南师范大学和云南省博物馆等研究人员开展的大型研究课题。当时所里把元明清卷的元代部分的撰写任务交给了我。接受任务的时候我惴惴不安，因为之前没有更多关注云南元代历史。于是老老实实恶补《元史》以及元人李京撰的《云南志略》等。当时按照传统断代历史的写作规范把云南元史分为军事、政治、社会经济、文化等4个大部分进行论述。那时还没有用电脑，全部手写。写作过程中，感受到元朝统治集团以边疆民族入主中原，对云南边疆民族的统治采取了因俗而治、多制并举的统治策略很有智慧。正是元朝开创的行省制度开创了云南历史的新纪元，大大加深了云南边疆与内地的联系，巩固了大一统，也促进了中华民族自身的发展。2013年参加院级课题“云南行省制度研究”时，从当代边疆治理的视角重新审视元代的土官制度，发现土官制度在巩固统一、稳定边疆、发展民族地区的经济和促进各民族间的文化交流等方面都发挥了积极的作用。元代土官制度在边疆民族地区治理方面有着借鉴意义，对明、清两朝的云南边疆治理产生了深远的影响。

当下传统的历史学面临创新挑战，无论从研究的视野还是研究的方法论上都要求历史研究的成果更能够及时地服务于现实社会。过去我自己的历史研究更多地侧重于细致地解释历史，分析历史现象背后的各种影响因素，对现实的观照不够。如何发挥历史研究的咨政作用，是历史学要回答的问题，也是我个人未来研究的一个重点。

（孙大江，云南省社会科学院历史、文献研究所副研究员）

云南省社会科学院历史研究所发展历程与主要贡献的启示

——杜玉亭研究员访谈

杜玉亭口述　欧阳洁、苏醒整理

云南省社会科学院历史研究所（以下简称“历史所”）是云南省史学研究的一支重要力量。随着时代的变迁，历史所走过了60多年的发展历程，也取得了可喜的成就。无论是曾经的云南省少数民族社会历史研究所，还是今天的云南省社会科学院历史研究所，虽然都只是整个历史学科中一片小小的学术园地，但却同时是我国哲学社会科学事业繁荣和发展的见证和缩影。因此，在云南省社会科学院建院40周年之际，回顾、总结和反思其走过的历程和做出的贡献，既是对过去的纪念，也能够为该所在新的历史起点上更好地推动云南史学研究的发展提供经验参考。在此，结合杜玉亭老师访谈中提供的有关情况，梳理和总结历史所的发展历程和主要贡献，并作为对云南省社会科学院建院40周年的纪念和庆祝。

一、历史所的发展历程

（一）历史所的“根”

1956年，在中国历史上开始了第一次有组织有计划地对全国少数民族社会历史状况进行科学调查。在全国人民代表大会常务委员会副委员长彭真的指导下，成立了由全国人民代表大会民族委员会主任委员刘格平、中央民族事务委员会副主任刘春和中央民族学院副院长费孝通组成的调查领导小组，在全国人民代表大会民族委员会成立了调查办公室。1956年4月19日，全国人民代表大会民族委员会遵照彭真副委员长于3月31日会议指示，制定了《关于在少数民族地区进行各民族社会历史情况的调查研究工作的初步规划》，拟定筹建云南、四川、西北、贵州、广东、广西、西藏、内蒙古和东北等地区少数民族社会历史调查组。1956年9月15日，中共云南省委抽调干部会同中央派往云南工作的费孝通等人正式组成调查组，根据全国人民代表大会民族委员会暨中共云南省委指示，云南调查组的全称定为“全国人民代表大会民族委员会云南少数民族社会历史调查组”，简称“云南民族调查组”。

成立之初，调查组组长为费孝通，副组长为方国瑜、侯方岳，并组成组务会议，处理组内重大问题。此外，宋蜀华、宋恩常、谭碧波、马曜等也参加组务会议。[①]与此同时，根据中共云南省委批转边疆工作委员会的报告，云南民族调查组共需干部约80人，中央派来费孝通等12人，其余由云南省委抽调。因此，为配合国家工作，1956年云南调查组成立前，中共云南省委批准来自省委宣传部和省委边疆工作委员会的联合书面报告，于8月

①申旭：《历史研究所五十余载的发展历程（上篇）：艰苦创业、跌宕起伏的十年（20世纪50—60年代）》，《云南省社会科学院30年》，云南人民出版社2010年版，第132页。

8日正式成立了云南省少数民族社会历史研究所。杜玉亭先生谈道："两块牌子，调查组的牌子是国家给的，这个调查组是国家给的，云南、西北、四川、西藏都有；云南自己的就是云南少数民族社会历史研究所，云南为了组建这个机构，民委慎重研究，把地下党的领导人侯方岳派来当副组长，方国瑜任副所长。成员由当时云南省民族事务委员会政策研究室的王宏道、王叔武等骨干组成。就是这么开始的，所以少数民族调查组也是从这开始的，这个可以说是历史所的一条根，到1958年的时候林耀华也来了。"当时刚刚从云南大学历史系毕业的杜玉亭先生被分配到了中国科学院民族研究所，但并未到北京报到，直接参加了云南调查组，当时办公室设在昆明翠湖东路12号。中国科学院民族研究所是云南组的直接领导，当时的中央民族学院等北京的高等院校和文教机关共抽调干部、学生老师100多人来云南，省内也从云南大学以及其他高等院校和文教机关抽出干部师生120余人，各地州县市派出干部、翻译人员，共计300余人，云南调查组成为全国最大的一个调查组，[①]仅彝族组就有近百人。[②]"1956年开始主要是做社会五形态调查，并不是真正意义上的历史研究，真正的研究是从1958年每个民族的简史开始的。"当时费孝通由于特殊情况回了北京，由侯方岳任组长，杜玉亭先生为彝族组的组长。"同在彝族组的王叔武主要负责写白族，王宏道则负责纳西族。然后刘尧汉、严汝娴夫妇来了，1960年又来了两个人，詹成旭、王成全夫妇，后来北大考古系毕业的汪宁生也来到彝族组。"

与此同时，历史所的另一条"根"则是设于云南大学的"云南省历史研究所"。"大跃进"开始后，中央云南省委着手成立历史所、文学所、哲学所。1958年，云南大学历史系报告省委批

---

①侯方岳：《云南省历史研究所成立三十周年》，云南省社会科学院历史研究所《研究集刊》1986年第2期。

②杜玉亭：《梦回民族田野的非常年代》，《民族田野五十年——中国特色民族学的足迹》，云南教育出版社2009年版。

准，成立中国科学院昆明分院“云南省历史研究所”，由云南师范学院院长方章教授兼任所长，副所长一个是方国瑜，另一个是当了20多年云南大学历史系系主任的张德光。杜玉亭先生认为历史所的根在云南大学，而且继承了“云大方国瑜先生他们的那套考据，和调查组是不一样的，历史所能够结合是大有好处的……所谓是历史所的根，就是这两条”。

（二）历史所的“合”

1962年，由省委指令云南大学云南省历史研究所合并到云南少数民族社会历史研究所，合并后正式定名为“云南省历史研究所”。“这是历史所的第一次合”，合并后，除了办公室、图书馆外，正式划分为民族研究室、东南亚研究室、云南地方史研究室。合并后的历史所不断发展壮大，科研能力也进入较佳状态。1964年《简史丛书》编完后，杜玉亭先生就回北京了。此后不久，“四清”运动以及随后席卷全国的“文化大革命”开始了。这一时期大部分科研人员都被下放了，杜玉亭先生也先后在贵州、内蒙古进行改造，后又在干校劳动3年。到20世纪70年代初，历史所的各项工作恢复并归入云南大学管理，侯方岳是云南大学副校长之一兼历史所所长。据杜玉亭先生回忆：“当时已经没有调查组了，就剩下云南少数民族历史研究所存在。因为民族学院是培养干部的，不是研究单位，所以就和云南大学历史研究所合并为云南历史研究所。调查组的李凤云、黄惠琨就全部归到云大。我从北京回来就是来到这个历史所，朱昌利也来了。这可以算是第二次合。”同时期云南省委成立的哲学所和文学所都在20世纪60年代的困难时期中撤销了，几经风雨，但历史所依旧得以保存，并在此后不断壮大并开始分化出新的学术集团和学科分类。

（三）历史所的“分”

在杜玉亭先生看来，历史所的第一次“分”则是1975年马曜到云南民族学院去。“当时的云南民院主要是培养少数民族干部，不教书，因为必须要懂少数民族语言，所以它有一个少数民族语言研究室。因为中国科学院民族所也有一个语言研究室，也派一些人来帮忙，主要是培养干部教少数民族语言的，教一些汉文，培养一些翻译……马曜去到民院主持工作，把一个培养民族干部的学校搞成一个正式的大学，现在的云南民族大学实际是在马曜去了以后张罗了十年组建起来的，民族学院的历史系和民族所主要依托的是历史所人员构成，王宏道也过去做了历史系系主任，还有王叔武到那就是民族研究所的所长。还有宋恩常、黄惠琨也都先后离开历史所去了云南民院。”这也奠定了今天云南民族大学人文社科的研究基础。

此后，1980年云南省社会科学院成立，历史所划属该院领导。在杜玉亭先生担任云南省社会科学院院长期间，历史所又再度经历了一系列的机构分化：1982年在历史所东南亚研究室和印度巴基斯坦研究室的基础上成立了省东南亚研究所，1984年历史所民族学、民族史两个研究室成立了民族学研究所，同时以宗教室设立宗教研究所。此外，历史所的宁超等部分人员还壮大了省方志办的研究力量。可以说，历史所60年来历经的变迁，期间关联着的不仅是历史所本身的沉浮兴衰，更是折射出整个云南人文社会科学发展的历程。

二、历史所的主要贡献

历史所作为一个以云南史学研究为主的专业学术机构，同时也是时代的产物。在不同的历史时期，肩负着不同的时代使命：从民族识别，到少数民族社会历史调查，再到现今的新型智库建设。从某种意义上讲，历史所的历史就是云南哲学社会科学事业发展史的一个缩影。从杜玉亭研究员的访谈中我们可以看到，历史所在对云南史学研究以及云南省社会科学院的创建与发展上做出了卓越贡献，留下了很多值得我们学习的成功经验。它的主要贡献由以下几方面构成。

（一）历史遗产的保护和历史文献的收集

1. 民族调查的资料收集和保护

1956年成立的云南省少数民族社会历史研究所，成立的缘由是需要进行大规模的少数民族社会历史调查，继承和保护了大量少数民族社会历史调查的相关文献资料也就成为历史所最为重要的贡献。与此同时，这也确定和形成了历史所的基本研究风格——立足传统史学、着重实地田野调查。①

一是，历史所继承的资料均为第一手资料且完整、全面。1958年、1959年如火如荼开展少数民族社会历史调查期间，参与调查的专家学者们收集、记录、整理了大量有关云南少数民族社会历史情况的相关资料，这些原始资料均上交给了云南少数民族调查组。其中部分经整理后进行了出版，但还有大量原始资料保存在云南省少数民族社会历史研究所。随着云南省社会科学院的成立，这些宝贵的调查资料传承至云南省社会科学院历史研究所，后又上交至云南省社会科学院图书资料中心。杜老师认为，省社会科学院现有的图书资料中心就是在历史所资料室的基础上发展起来的，这批调查资料构成了目前图书资料中心里最为宝贵的文献资料之一。杜玉亭研究员谈道："1958年、1959年那些资料，是几百人一起搞的，太多了，那个时候的规定，只言片语都要上交。所以，这些保存下来的资料有几亿字，没有全部整理，只是后来选择了其中比较好的出版出来，但是大部分都没有出版。我自己写出来的报告都上交了。"由此可见，由历史所继承

①申旭：《历史研究所五十余载的发展历程（上篇）：艰苦创业、跌宕起伏的十年（20世纪50—60年代）》，《云南省社会科学院30年》，云南人民出版社2010年版，第135页。

和保护的少数民族社会历史调查资料是完整和全面的。

二是，历史所妥善保管和保护了调查资料。根据杜玉亭研究员回忆："历史研究所的第一大贡献就是收集、保护了国家的几亿字的调查资料。在那个困难时期，无论再多的困难，这些资料都保住了。那是历史研究所收集的，也是历史研究所保存的，不然在别的地方，造反派给你毁掉了。这是对国家的贡献啊。"可以看出，历史所在社会变迁和社会动荡中，始终竭尽全力地妥善保管和保护这些珍贵的历史资料，使它们得以完整地传承至今，并发挥出了最好的效果，为云南省历史学、民族学等的发展起到了重要的推动作用。

2. 历史文物、文献的收集、整理和保护

历史所不但收集、保护了民族调查的资料，还搜集、整理了其他文献和文物。一方面，在田野调查中，历史所十分注重在调查地收集、购买各种文物；另一方面，参与民族调查的人员下去以后，侯方岳"留守昆明主持后勤。并邀请省政协文史馆、参事室、文史功底深厚的老先生，集中于省图书馆，摘抄古代历史文献中关于云南地方、民族的史料，除按云南省'南诏''大理'最大版图时摘抄史料外，顺便将西藏和东南亚各国历史、民族资料同时抄出"[1]。这些当时收集的文物、文献以及整理的史料，均由历史所保管，后转交至云南省社会科学院图书资料中心。云南省社会科学院图书馆也因为馆藏10万余册珍贵的古籍文献而成为全国第三批重点古籍保护单位。入藏文献成书时间上限可追溯到南诏大理国时期，内容涉及经、史、子、集各部。既有多部宋元版本，又有大量书画碑帖、名人手札，无论数量还是质量，在全省都占有独有优势，极具版本价值和文物价值，馆藏《护国司南钞》《劝善经》等

①侯方岳：《云南省历史研究所成立三十周年》，云南省社会科学院历史研究所《研究集刊》1986年第2期。

10种古籍入选国家珍贵古籍名录[①]。这些馆藏珍贵文献中，就包含了大量由历史所搜集、购买、保护的珍贵文献。

（二）人才队伍的建设

1. 云南少数民族社会历史调查阶段的人才培养

历史所的又一重要贡献在于人才队伍的培养和建设。通过对杜玉亭研究员的访谈可知：1958年8月，杜玉亭先生从云南大学历史系毕业后分配到中国科学院民族研究所工作，并直接参加到云南少数民族社会历史调查组中，并在1960年担任彝语支各族分组组长，副组长为詹承绪。在对四川凉山奴隶制的调查中有杨堃、方国瑜等多位著名学者，但主持该次调查的却是当时毕业还不足两年的杜玉亭先生。其原因虽然与当时特殊的社会政治背景有关，但从实际上而言，这次担任彝族分组组长的杜玉亭先生却在学术上得到了极大的锻炼和提高。他谈道："从1960年到1964年期间，我就是写《彝族简史》了。要说我这一生在历史上用功夫了就是这五年了，修改了五次啊，最终写出来了。这是按照历史学方法进行史学考据所完成的。"与此同时，与同为彝族组成员的王宏道、王叔武两位教授共同工作，也使杜玉亭先生受益匪浅，大家相互协作，共同完成了《彝族简史》《白族简史》《纳西族简史》《哈尼族简史》的调查和写作任务。"我们三个人在一起待了大半年。我这个人，任何人我都是把他们当老师，最后都变成了忘年之交。我经常和他们一起讨论问题，就对这四个民族（彝族、白族、纳西族、哈尼族）的未来，还有我这个组长要干些什么，就有了一种战略的考量。"期间，彝族组还加入了詹承绪、王承权、汪宁生、刘尧汉、严汝娴等学者，大家相互协作，共同完成了《彝族简史》《白族简史》《纳西族简史》《哈尼族简史》的调查和写作任务。按照杜玉亭先生的总结："我们

---

①参见毕先弟：《云南省社会科学院馆藏古籍珍善本图录》，云南科技出版社2013年版。

彝族组很团结，还有个传统，就是互相探讨、提意见。”

可见，依托于云南省少数民族社会历史研究所以及少数民族社会历史调查，杜玉亭先生以及其他学者，在相互协作中完成少数民族社会历史调查任务的同时，也获得了学术上的进步和提高。因此，历史所也在这一阶段实际上进行着人才队伍的建设和培养工作。

2. 云南省社会科学院成立后的人才培养

1980年云南省社会科学院成立，历史所划属该院领导。至1982年，杜玉亭先生就沿用少数民族社会历史调查时期支持和鼓励青年学者进行田野调查，强调理论研究与实地调研并重的人才培养方式，从科研课题、研究经费、田野调查点的选择等多个方面建设和培养院青年人才队伍。杜玉亭先生谈道：“王清华、郭家骥、郑晓云等学者，后来都很有学术成就，他们那一批也是我在历史所当领导的时候，用少数民族社会历史调查时候的方法带的他们。当时，我主要给他们提供课题的提纲、经费，我还给他们每个人定了一个村子作为田野调查点。每个人去了两个月，各自写一个报告。这种方法一直延续了20多年，事实证明这一方法是有效的，为历史所、社科院培养了不少人才。”总的来说，云南省社会科学院成立之后，一支在云南省少数民族社会历史研究所人员基础上发展壮大的、老中青结合的科研队伍逐渐形成。不可否认的是，历史所在云南省社会科学院乃至云南省哲学社会科学人才队伍建设中发挥了重要作用和产生了深远影响，其所培养的人才不限于史学专业，而且扩大到民族学、民族文学、国际关系等多学科多领域。

（三）方法上的贡献——全国一盘棋

杜玉亭先生认为，历史所60年发展历程也为社科研究的方法论层面做了贡献，即“全国一盘棋”的工作模式。何为“全国一盘棋”？杜玉亭先生认为：“恐怕这个就是中国特色了，所谓中国特色就是国家任务。……超英赶美，为了国家的繁荣富强，不要受气，那是全国的一种精神。”为了实现这一目标，采取高度集中统一的体制，实行“全国一盘棋”，统一调配人力、物力、财力等资源，处处在发扬共产主义协作精神。民族学的田野调查也贯彻了大协作精神。数百人构成的云南组来自全国，又被分派到云南各地，却工作协调，井然有序，没有出现混乱。[①]杜玉亭先生在访谈中反复强调：“那时候全国知名大学的人都来了，彝族组都是一百多人，四川也来人，贵州也来人，广西要配合。北大翦伯赞的那个高参张传玺也来了，费孝通、林耀华也来了，中央民族大学四年级全来，云南大学四年级不读书了全来，几百人啊。这都是国家任务，那时候都不分北大、北师大、中央民大、云大。这对于民族调查、历史编写，这种方法有它的优越性，它不是乱来，不是大炼钢铁，也不是公共食堂，那些最后都失败了，但是写简史搞研究和那个不一样，结果就是这种方法反而是有它的好处的。”正是在这样一种方法和精神的指导下，在当时条件艰苦的困难时期，历史所却结出学术硕果累累。“现在看来简直不可能，三四个月跑一千多公里，那时候太苦了，没有车，都是爬山。有时候有一段车，有时候没有，都要走山路。当时时间要求得紧，还要写报告，但是都能做，为什么？因为是国家任务……1958年8月到1959年4月调查，下半年就是在楚雄写东西了。一百多人去写，云大的、北大的、北师大的，在楚雄待到9月份才离开，就是编写彝族简史。那就是日夜苦干了，不管哪来的，大家一起讨论，彝族史的框架什么的，侯方岳先生和方国瑜先生请来了马长寿和四川大学研究滇国的冯汉骥……简史假如没有这一次，是现在任何一个单位都不可能完成的。”

在后来云南省社会科学院成立之后，杜玉亭先生仍然在对青

①范祖锜：《杜玉亭先生访谈录》，《今日民族》2007年第9期。

年学者的培养中合理地运用了这一方法。

（四）学科上的贡献——原生基础学科

正如前文所说，现有的云南省社会科学院学科格局中，东南亚研究、宗教研究以及民族学研究大体是在历史所的基础上分化而来的。这与历史所的发展历程息息相关，正如杜玉亭先生所说："最初的少数民族调查不是简单历史，民族学也有，宗教学也有，文化什么的都包含在内……是国家和社会时代需要的、是全方位系统性的、宏观微观相结合的原生基础研究。""可以说历史所就像一棵树，前面我说了它的根，从1956年开始的调查组和云南省少数民族社会历史研究所，到与云大历史所合并，算是一个树干，它慢慢发展，进入辉煌时代开始就是树冠，很多学科都是在这个树干上生长的、分出来的，生出树枝分叉，这样很多次'生'学科就慢慢发展起来，到社科院的时候就是一棵大树。由此，历史所在整个云南社会科学界的作用也就清楚了。"

（杜玉亭，云南省社会科学院研究员，曾任云南省社会科学院副院长）

龙永行与云南中法战争研究①

龙永行口述　梁初阳整理

前　言

龙永行，1939年8月生，四川大邑（今成都市）人，中共党员，云南省社会科学院历史所研究员，云南中法战争史学会会长。1960年毕业于云南大学历史系。先后在云南省京剧院、省文联工作。1982年调云南省历史研究所任副所长兼研究室主任。龙永行是国内研究中法战争史的重要代表人物，尤其关注中法战争与近代云南历史研究，作为云南中法战争研究的领军人物，其代表作有《苗族抗法英雄项从周》《中法战争论丛》《纵论历史风云》《再论历史风云》《龙永行学术文选》等，并在国家、省级学术刊物发表论文150余篇，总计300余万字。

关于龙永行中法战争研究的成就，相关中法战争研究史的论文中均有论述，如王远志的《30年来中法战争研究述评》、葛夫平的《新中国成立以来的中法战争史研究》等，②其中以黄振

①根据2017年6月2日梁初阳访谈龙永行老师录音整理。

②参阅王远志：《30年来中法战争研究述评》，《军事历史研究》2009年第1期；葛夫平：《新中国成立以来的中法战争史研究》，《史学月刊》2014年第7期。

南在《中法战争史研究百年回眸》一文中的论述较为全面，他认为："1994年1月，龙永行的《中法战争论丛》一书以云南省社会科学院东南亚研究所《东南亚》杂志增刊的形式出版。作为第一本中法战争史方面的个人论文集，该书用41万多字的篇幅收录了已发表的论文、调查报告、考察记等，论及中越宗藩关系、中法战争的性质与结局、中法战争与云南的关系、战后中越边界的勘定，马江、镇海、宣光、临洮等战役的考证，刘永福、岑毓英、杨玉科、项从（崇）周等人的评价等，是作者多年心血的结晶。""宣光之役发生于中法战争后期越南北圻陆路西线战场，是史学界最易忽略的战役。龙永行较早关注该战役的研究，他认为，此役长达73天，法军守住的宣光城虽未能克，但法军损失重大，伤亡约为清军及黑旗军的一倍，成为中法战争的重大转折点，是清军转守为攻、由败而胜的重要标志和里程碑。同时，此役拖住、分散法军兵力，为清军东线战场获胜创造了条件，不失为中国军队的一大胜利。"①对龙永行研究中法战争的成就高度评价。

本文《龙永行与云南中法战争研究》主要依据龙永行老师的口述整理，着重记录其研究中法战争史的心得体会。由于篇幅所限，本文无法全面引述龙永行老师中法战争研究的成果，只能以脚注的方式提供线索，供读者参考。

梁：龙老师，您好！中法战争不仅是中国近代历史发展进程中的重大事件，在世界近代历史上也有重要影响。对卷入战争的中、法、越三国来说，国家的历史发展进程也因之改变。在中法战争中，云南军民积极投身于反帝反侵略的斗争中，滇越相邻的红河流域是中国在越南与法国进行军事斗争的西线主战场。中法

①黄振南：《中法战争史研究百年回眸》，《近代史研究》2002年第3期。

战争及战后滇越划界及开关通商等事件，对云南近代社会发展产生重要影响，是研究云南近代历史不能绕开的问题。长期以来，关于云南与中法战争的研究，一直处于相对滞后的状态，直到20世纪80年代，才开始有一些学者就中法战争与近代云南关系展开研究，而您是其中的重要代表，对于您在学术上的贡献，相关的论著中均有涉及，今天借这个宝贵机会，请您谈谈在中法战争史和云南近代史研究中的心得体会。首先请您介绍下您早年的求学及工作经历。

龙：我1939年生于四川大邑，1956年考入云南大学历史系，攻读近代史专业，和我们社科院的孙代兴、荆德新同班，谢本书高我一级，这几位都是对云南史学研究有贡献的专家。当时在云南大学历史系执教的老师有不少学术大家，如方国瑜先生、杨堃先生、纳忠先生、李埏先生以及历史系主任张德光先生、李广田校长等，我向各位老师学习，获益良多，这段学习的经历对我一生的道路产生重要影响，今天提到他们的名字，心中仍充满感激敬重之情。1960年大学毕业后，我先后在云南省京剧院、云南省文联工作，主要是搞文艺创作和评论，而不是历史研究。在“文化大革命”时期，我被下放到云南省红河州的泸西县插队劳动，在此过程中吃了不少苦。曾经我们一家差点被分配到偏远地区，由于我爱人是昆明纺织厂的业务骨干，厂里技术方面的工作离不开她，此方案未能通过。也因为这个缘故，我后来调到省物资局，在金属回收公司从事回收破铜烂铁的工作，一段时间后又叫我负责办一份名为《云南物资市场》的报纸。1978年“文化大革命”结束后，国家一切工作逐步回到正轨，我也在这一年加入了中国共产党。当时云南省社会科学院准备招几名科研人员，高我两届的老同学陈吕范和西亚研究所所长方德昭到云南大学考察，方德昭是我的老师，教东南亚史，他们看到我当年的学习档案，4年中的学习成绩都是5分，当时大学的成绩记录实行5分制，5分就是满分，因为我的成绩比较优秀，便打算将我调到云南省社会科学院或云南大学西亚所工作。他们带着云南大学校长胡泮生的亲笔信来物资局找我，而我刚好和一位副局长到外地出差，那时的联系不似现在这么方便，我回来后才得知此事。能够从事社会科学研究工作，学以致用，一直是我的梦想，所以就欣然同意了。但物资局这边却不肯放人，因为我还办着份报纸嘛，我就去找局领导交涉，我说虽然我能办报，但关于物资这块的专业知识我不具备，不利于工作的提高，还是想离开。坚持了一段时间，物资局同意了我的申请，我最终于1982年调到云南省社会科学院工作。这时距我大学毕业已经22年了，在这22年中，曲折离奇的经历，绝非我当初所能意料；跌宕起伏的命运，也不以个人意志为转移。作为一名史学工作者，回顾自己前半生的历史，也真是很有意思的事情。

梁：您到云南省社会科学院工作后，为什么将中法战争和近代云南作为自己研究的重点，在这方面您做了哪些工作？

龙：前面已说过，我在云南大学历史系读的是近代史专业，读书时我就有这样一种感觉，中法战争是中国近代历史上的重大事件，但对它的研究却非常薄弱，与其在历史上的影响不相称，对其有限的研究，也主要是关注清军在越南战场东线抗击法国侵略者的史实，如冯子材率领清军取得的镇南关大捷等，对于西线的滇军及云南各族人民和越南义军的抗法斗争历史却鲜有人关注，基本上是一个空白。中法战争对云南近代历史发展有很大影响，云南军民在中法战争中有很大贡献，在这方面却没有人研究，这不能不说是一个遗憾，所以当我到云南省社会科学院从事历史研究工作，将中法战争及近代云南作为自己的研究重点，就是很自然的事情了。对于云南与中法战争的研究，我有3个比较重要的成果。一是对入越参战滇军人数的考证。在中法战争中，云南省投入了大量的人力物力，经我研究，在越南西线战场上，滇军共有131个营，5万多人，参战的人数超过了东线的粤军，加上云南各族人民和越南义军，他们在越南战场上英勇抗击法国侵略者，为中国及东南亚国家反殖民反侵略做出了巨大的贡献。[①]二是对滇军及云南各族人民在中法战争中的贡献的研究。中法战争中，滇军及云南各族人民在越南战场上英勇作战，击败了优势装备的法国侵略军。滇军在越南战场上有两次重要的军事行动，一次是宣光包围战，滇军将士虽然武器装备落后，却能够英勇作战、奋力攻坚，许多将士在战斗中壮烈牺牲，其事迹可歌可泣，非常感人，经过长达73天的包围和进攻，宣光城的法国守军几乎巢覆卵灭，只好用玻璃瓶装着信丢到河里求援，法军司令被迫分兵增援宣光，从而减轻了法军在东线的攻势。宣光包围战可认为是清军在越南战场由败转胜、由防卫转入进攻的一个转折点，为清军后来取得镇南关大捷和临洮大捷创造了有利条件。另一次重要的军事行动是滇军在越南西线战场上取得的临洮大捷，实际上和镇南关大捷发生在同一天，临洮大捷是滇军继宣光包围战后对法军展开的第二次强大的攻势，此次战斗不仅消灭了法军的有生力量，还以秋风扫落叶之势攻克了越南的缅旺、清水等十几个州县，其影响和意义不亚于镇南关大捷，它们都直接导致了法国茹费理政府的倒台。[②]三是对中法战争中滇军将领抗法行动的评价问题。滇军统帅岑毓英，这是一个有争议的历史人物，他依靠镇压云南各族人民的反清斗争起家，这是需要批判的，对于抗击法国殖民主义者的侵略行动，岑毓英也曾有过迟疑观望，但在清政府正式对法宣战以后，他基于国家利益和民族大义，还是态度坚定地率领滇军进入越南战场，与法国侵略者展开军事斗争，滇军

①相关内容参阅龙永行：《略论中法战争中的滇军》《滇军出国人数考》，《中法战争论丛》，东南亚杂志社1994年版。按：这些文章及内容索引还见于不同的期刊和论著当中，本文不一一注明，以下各处同。

②相关内容参阅龙永行：《宣光、临洮战役初探》，《中法战争论丛》，东南亚杂志社1994年版。

在武器装备方面处于劣势，却能够与战斗力强大的法军在战场上抗衡，最终取得辉煌的战果，与岑毓英的坚强领导及运筹帷幄有很大关系。还有到越南东线战场抗击法国侵略者的滇军将领杨玉科和蒋宗汉，他们早期的经历与岑毓英相似，也是依靠镇压云南各族人民的反清斗争起家，中法战争爆发后，他们率部在镇南关外英勇抗击法国侵略者，杨玉科还为国壮烈捐躯。对于他们的评价，我认为应当一分为二、实事求是，在中法战争中，岑毓英和杨玉科等人为维护国家、民族利益而英勇奋战，在反侵略斗争中做出了重大贡献，是值得肯定的爱国将领。[①]

梁：前面您说过，在大学毕业后的20余年里，由于各种原因的影响，您并没有直接从事史学研究工作，但自1982年调到云南省社会科学院从事科研工作以后，您很快就奠定了自己在中法战争研究领域中的学术地位，可否具体谈谈这方面的情况？

龙：我调到云南省社会科学院工作时，正好赶上广西壮族自治区筹备召开中法战争一百周年纪念学术研讨会（1883—1983年），我接到会议通知后便开始积极准备参会论文，开会前院领导问我准备得如何，我说我准备了两篇文章，领导说参会文章提交一篇就行了，不必两篇，我说我有信心，这两篇文章在会议上一定都能一炮打响，证明我们云南在中法战争研究中是有一席之地的。

后来在会议当中，这两篇文章都引起了参会学者的高度关注，其中《驳越南陈辉燎等人对中法战争性质的歪曲》这篇文章引起的反响尤为强烈。这篇文章的写作背景是这样的：20世纪70年代后期，出于某种政治目的，越南史学家陈辉燎（原越共中央委员，越南文史研究院院长）等人把中法战争说成是“中法两个帝国主义国家为了争夺越南，进行‘狗咬狗’的战争”，这样的

①相关内容参阅龙永行：《论中法战争中的岑毓英》《评中法战争中的杨玉科》，《中法战争论丛》，东南亚杂志社1994年版。

说法是对历史的严重歪曲和对中国人民的恶意诬蔑，因此我写了这篇文章进行反驳。

我在文章中提出了3个问题进行反驳：一是中国侵略越南吗？众所周知，法国蓄谋进军越南是要吞并越南，并进而侵略中国，中国应越南邀请出兵援越抗法，是完全正义的行动。陈辉燎等人一反过去越南学者对中法战争的正确评价，完全是颠倒黑白，混淆了正义与非正义的界限，立场完全站到与中国人民和越南人民为敌的方面去了。二是黑旗军是流寇吗？陈辉燎等人还对帮助越南人民抗击法国侵略、勋劳卓著的黑旗军进行了恶毒的诬蔑，骂他们是“抢掠人民的流寇”，这也是不符合事实的。1865年刘永福率黑旗军进入越南之后，同越南人民一道与法国侵略者作战，立下了赫赫战功，不仅重创侵法越军，打乱了法国殖民主义者征服越南的计划，并拒绝法军诱降，无情揭露法国“虐越南”“欺中国”的滔天罪行。近年来，越南炮制了一些别有用心的“调查材料”借此蛊惑人心，煽动民族仇恨，这正是对越南民族所进行的神圣抗法斗争的攻击和背叛。三是为何视而不见？我们从法国殖民主义分子百多禄、安邺等人的材料中，可以看出侵略越南、在越南土地上烧杀抢掠致使越南沦为殖民地的，是法帝国主义。近年来，陈辉燎等人对此却视而不见，秉承某政治集团的旨意，以研究为名歪曲篡改历史，进行仇华、排华，实现其扩张主义和地区霸权主义的罪恶目的，到头来只能得到在政治上、道义上完全破产的下场。

这篇文章在会议进行时，就刊载于广西社科院《学术论坛》1983年第3期，《中国近代史》1983年第5期全文转载，引起学术界的高度重视。后来这篇文章还获得云南省人民政府“1986年云南省社会科学研究现实问题优秀理论文章”三等奖。

另外一篇文章为《中法战争中的滇军》，被收入广西社科院编辑出版的《中法战争论文集》第一集。后经补充，在《云南社会科学》1985年第1期以《略论中法战争中的滇军》为题发表，随后日本东京大学《东方研究》予以转载。[①]

提交的两篇参会论文发表以后，学术界对云南中法战争的研究情况有所了解，同时也知道了我是一位主要从事中法战争研究的学者。此后我对中法战争的研究兴趣也越来越浓，就像决堤的大河一样不可收拾了。

1986年12月12—15日，由云南省社会科学院历史研究所牵头，联合云南大学、云南师范大学、省军区、省政协共同主办的云南省中法战争学术研究会在昆明举行，出席会议的有全国14个省、市、区和部队的教授、专家、学者60余人，广泛地交流了中法战争史研究的新成果，深入探讨了战争中的各个课题。会上成立了云南中法战争史学会，我被推选为会长。会后我发表文章，对会议做了总结。[②]著名的史学家丁名楠、牟安世、杨遵道、庚裕良等先生也莅临此会。

梁：除中法战争研究外，您对此时期一些比较重要的历史问题也进行过深入探讨，比如中越历史上的宗藩问题，您是较早关注到此问题的学者，请谈谈您为什么会对此问题深入研究？

龙：宗藩问题，是历史上中国与周边国家间存在的一个特殊关系。而中越历史上的宗藩关系，又是比较复杂、微妙和敏感的问题。因此，对它进行研究，不仅有较高的学术价值，而且还有重大的现实意义。我对宗藩问题的研究，直接的原因是当时越南河内某些研究人员在统治者的授意下，公然否认中越历史上曾有过宗藩关系，并大肆歪曲中越关系史。今天再来和你谈这个问题，说实话我也能理解越南学者的态度，主要是为了迎合越南国内的民族主义情绪，但历史研究应尊重历史事实，对宗藩问题的讨论属于史学研究的范畴，中越宗藩关系的产生、发展以及后来

①以上两篇文章均载于《中法战争论丛》，东南亚杂志社1994年版。

②《云南中法战争史学术讨论会综述》，《云南社会科学》1987年第2期。《中国近代史》1987年第6期全文转载。

怎样终结，有一个历史的过程，对中越宗藩问题否认、回避都是不可取的，至于进行歪曲，那就更要不得了。为此我花费了大量的时间精力查阅相关资料，基本厘清了中越宗藩关系的历史发展过程，力求对其有一个正确的认识和客观的评价。对宗藩问题的研究，我最重要的成果是说明了宗藩关系与殖民关系是两回事，我认为中越宗藩关系实际上是作为大国的中国与小国越南之间一种保护与被保护的关系，是一种相互依存的关系，不能否认，宗藩关系在政治上存在一定程度的不平等，但在经济上是“薄来厚往”，不存在剥削的关系，这和占领与被占领、奴役与被奴役、剥削与被剥削的殖民关系有根本区别。这个观点为我在史学界第一次提出来。我写的文章先载于云南省社会科学院历史研究所编的《研究集刊》1986年第1期，共4万余字，后北京外国语学院《亚非》杂志第7集，暨南大学《东南亚研究》杂志1987年第1、2期合刊，广西社科院《东南亚纵横》1994年第4期，《中国古代史》1995年第5期相继对部分内容进行刊载和转载。1987年10月广西社会科学院在南宁主办中法战争史学术讲座会，还专门邀请我就此问题向中国人民大学、武汉大学、华东师范大学等8所高校的研究生和青年教师做了学术讲座。[①]

对中越宗藩问题的讨论，还反映了我在学术研究上的一个特点，那就是不要关起门来做学问，纯书斋的东西要不得，一个学者应有强烈的现实关怀精神，要有责任感和使命感，拙文《历史科学必须走出象牙塔的研究为现实服务》[②]，详细论述我进行学术研究的动机、方法和目的。你看我的学术成果，多数都是这样的

①参阅龙永行：《论中越历史上的宗藩问题——兼驳河内史家的种种谬说》，云南省社会科学院历史研究所《研究集刊》1986年第1期。又载于《中法战争论丛》，东南亚杂志社1994年版。

②龙永行：《历史科学必须走出象牙塔的研究为现实服务》，纳麒主编《云南省社会科学院专家学术自述·离退休专家卷》，云南人民出版社2008年版。

东西。

梁：您关于中法战争的研究，对刘永福率领黑旗军抗击法国侵略者的史实评价，可以算是一个有代表性的成果，请谈谈您当时对此问题进行研究的情况。

龙：我在中法战争研究中，有一个很重要的成果是关于刘永福的评价问题。当法国侵略者不断在越南扩张殖民势力范围时，遭到了刘永福率领黑旗军的坚决抵抗，其英勇抗击法帝国主义的事迹，在当时就引起中外高度关注。但在20世纪40年代以后，一些学者们对刘永福的历史尤其是其归国的问题有不同的评价，如40年代范文澜编著的《中国近代史》上册、50年代刘汝霖撰写的文章《六十年前刘永福黑旗军在越南的反帝斗争》、60年代牟安世的著作《中法战争》、70年代编的资料集《中国近代史丛书·中法战争》、80年代胡绳的著作《从鸦片战争到五四运动》及丁名楠的文章《关于中法战争几个问题的初步探索》等，其主要观点认为刘永福率黑旗军与清政府合作抗击法国侵略者是同流合污，刘永福在中法战争结束后率部归国，成为普通的清朝官员，是为了个人的功名利禄而背弃反帝反封建斗争。上述作者中，有几位同志是我国史学界的权威，他们的观点影响国内学术界30余年。受此观点的影响，在“左倾”思潮泛滥的年代，刘永福的后人被视为农民“叛徒”的后裔，并在“文化大革命”中遭到迫害，刘家的“三宣堂”被拆毁，匾额被当地的武装部长拿去改做家具，刘永福的坟墓也被人炸烂。在国外，主要是越南以陈辉燎为代表的一批史学工作者，也肆意歪曲中法战争的历史，认为是中国“侵略”了越南，并污蔑刘永福黑旗军为“流寇”。

我认为上述说法不符合历史事实，使刘永福及黑旗军长期蒙受不白之冤，研究者应该秉笔直书，还历史以本来面目，应该给刘永福等历史人物以正确的历史评价和地位。为此我连续撰写并发表了数篇论文，就刘永福抗法及归国等问题进行讨论，其中有一篇文章还就此问题直接与中国社会科学院近代史研究所研究员丁名楠同志商榷，我在文章中列举了大量史实，说明刘永福无论是在中法战争中还是归国以后，始终以国家民族利益为重，是一位爱国的民族英雄。[①]经过深入讨论，大多数人都倾向于我的观点。刘永福的后人分布在世界各地，东南亚、欧美以及我们云南昆明都有，对我为刘永福洗刷污名，他们非常感激，曾经有十几位刘永福的后人来见我，一见面就行跪拜的大礼，我说使不得，赶快请起。实际上我的努力，并非单纯要给刘永福翻案，而是要肃清“左”的思想流毒和影响，还史学研究实事求是的精神。

梁：关于中法战争之后滇越划界，您的研究有一定的代表性。关于滇越划界的得失，目前可以看到三种不同的评价：第一种是当时清政府官员的评价，代表者有清廷任命的滇越划界大臣周德润及时任云贵总督的岑毓英等人的“拓地说”，[②]实际上是在划界过程中将历史上沦入越地的都竜、三蓬等部分地区争取回来；第二种是著名学者方国瑜先生的“失地说”，他认为中法滇越划界中我方失地甚多；[③]第三种是您的观点，认为“近千年的中越历史关系又比较复杂，边界变化频繁，此时你占了我一块，彼时我又占了你一块，如果大家各执一端，仅以某时的边界为凭，那就必然增加谈判的难度，使会谈陷入无休止的争执中，要达成双方都能同意的协议就更困难了。历史的条件只能作为参考，而重视现实则才是谈判的基础。”“中国虽然没有完全收回大赌咒河的旧界，并以较大的代价，用猛梭换回了猛硐，但却使滇南得

①相关内容参阅龙永行：《论刘永福与黑旗军在援越抗法斗争中的功绩》《试论刘永福的归国》《再论刘永福——兼与丁名楠同志商榷》，《中法战争论丛》，东南亚杂志社1994年版。

②参阅〔清〕王文韶等修、唐炯等纂：《续云南通志稿》卷八十五《洋务志·界务》，光绪二十七年（1901年）四川岳池刻本；〔清〕赵藩编：《岑襄勤公年谱》卷九，光绪己亥年（1899年）刻本，第11页。

③参阅方国瑜：《中国西南历史地理考释》，中华书局1987年版，第1291—1292页、第1302页、第1308—1309页。

到了一条稳固的、可靠的边防，从这个意义上讲，还不能说是完全失败的。”[①]此观点我们可以称之为“实事求是说”。[②]现在请您谈谈您对晚清滇越划界问题的研究。

龙：边界问题的研究是学术问题也是现实问题，把握不好就有可能引起一些不必要的麻烦，这固然是事实，但不能成为我们不去研究的理由，将边界的历史变迁研究清楚，对维护国家主权利益是有帮助的。我对滇越边界问题的研究，除大量查阅相关文献外，还深入一线实地考察。我曾于1983年春到滇越边境地区进行考察，1979年的中越边境冲突虽然持续的时间不长，但此后很长一段时间里，滇越边境地区仍有局部战争，我到扣林山、猛硐一带时，中越双方在此地每天白天要打上百发炮弹，白天晚上越南特工都会过来，埋伏在一人身高的茅草丛中，如发现你是一个人，尤其是从外边来的人，用麻袋往头上一套就把人扛回越南领赏去了。并且当时在滇越边境地区很多地方都埋满了地雷，没有当地向导带路，一般人根本不敢进入这些地方，事实上当地边民因误踩地雷被炸死炸伤的事情经常发生。中越关系恢复正常后，中国军队在滇越边境地区进行过数次大规模的排雷行动，一些地方的地雷至今仍没有排干净，所以说当时我进入滇越边境地区考察是冒了生命危险的。我在猛硐一带考察时，据说麻栗坡县里的领导都还没人来过这里。在滇越边境地区的实地考察，我获得了许多宝贵的资料，比如说项从周抗击法国侵略者的故事，这个我在后面专门讲。我在马关考察时，恰巧遇到该县文化馆的同志从都竜运回一块石碑，他们说：“龙老师来帮忙看下碑上写了些什么？”当时碑身上满是泥土，用清水反复冲洗后，才得见碑文，只见碑额上刻有“万福攸同”4个字，碑文则记载了咸丰八年八

---

①龙永行：《中越界务（滇越段）会谈及其勘定》，《纵论历史风云》，云南民族出版社2006年版，第72页。
②参阅梁初阳：《岑毓英治滇研究》，云南人民出版社2017年版。

月（1858年9月）当地炉户、属役捐银修桥的事迹，是研究滇南边地都竜历史变迁的宝贵资料。后来我以此碑的记述并参考相关资料，写成《〈万福攸同碑〉与滇南都龙边地的变迁》一文，论述了我国滇南边地都竜、南丹沧入越地后又回到祖国怀抱的历史。[①]此外，我还深入文山以南滇越边境的小赌咒河一带，考察当地的碉堡、界碑等重要遗址，并拍摄了不少照片，可惜后来我请马关县文化馆的同志帮我换胶卷时，却不慎曝光，这些珍贵的图片最终没有留下来。

不同研究者所能看到的滇越划界文献资料，其实都差不多，我研究晚清滇越划界问题能够提出自己独到的观点，与深入滇越边境地区实地考察有很大关系，比如我认为晚清正式划界前滇越边境地区情况为："中越两国山水相连，犬牙交错，许多民族又都跨境而居，历史上又有着特殊的'宗藩关系'，所以两国的国界虽有传统的习惯线，但长期以来并未有过明确的划分。"[②]这就是深入实地考察后得出的结论。

梁：您在滇越划界历史研究中，涉及一个重要的历史人物项从周，是较早研究项从周抗法事迹及其对滇越划界影响的学者，相关内容我们在您的文章中可以了解到，现在想请您谈谈，当时您是怎样注意到这样一位并不为人们所熟知的抗法民族英雄的？

龙：在云南省麻栗坡县的扣林山下，有一个叫猛硐的地方，紧挨着中越边界，中法战争之后，法国侵略者曾试图占领包括此地的滇东南地区，苗民首领项从周率领边疆各族民众与之进行不屈不挠的斗争，最终挫败了殖民主义者的图谋，维护了国家的领土主权。然而，由于统治阶级偏见等原因，项从周的英雄事迹很少被文字记载下来，在史书中并没有其应有的位置，个别书中偶

①龙永行：《〈万福攸同碑〉与滇南都龙边地的变迁》，《中法战争论丛》，东南亚杂志社1994年版。
②龙永行：《纵论历史风云》，云南民族出版社2006年版，第61页。

尔提及项从周，也多是语焉不详，并有错漏之处。1983年春我到麻栗坡县猛硐公社调查时，在一个叫阳坡的地方见到项从周的嫡孙项朝勋，从他那里听到许多项从周抗法的英雄事迹，这些内容都记在我撰写的《项从周抗法斗争事迹调查报告》中，这里就不展开讲了，我和你说说我采访时的一些情况。据项朝勋说，项从周非常重视项家子弟的文化教育，专门给他请了私塾老师。由于读过私塾，项朝勋是项家最有文化的人，当时清政府赐给项从周的匾，其中的内容他都能够背下来，我调查报告中的许多内容，就是从他口中记录下来的。这里要注意的是项朝勋称自己的姓时念的是hàn，而不是xiàng，至于为什么这么念，他没说清楚。另外，访谈时项朝勋还专门向我强调说，他爷爷的名字叫项从周，在早年部分文献资料和后来的一些文章中，将他爷爷的名字写成项崇周，这是不对的，中间那个字是双人从，而不是崇拜的崇。我将这次到边境地区采访所得的部分材料，整理后发表在1984年的《云南画报》上，其中采用了一张我拍摄的猛硐全景的照片，照片中的一小片平地就是猛硐，中间的那一小栋楼是当地的文化馆，据说当年法国殖民主义者和项从周争一块牛皮大的地方，就是在这里了，旁边的大山就是我国的扣林山，中越边境冲突发生后，越南方面一直企图侵占这个战略高地，两国在此地区的军事冲突断断续续持续了约10年的时间。

我采访项朝勋时他已73岁了，另接受我采访的文山州政协副主席欧阳河途当时也是80岁的老人，其他如项从周的嫡孙云南省政协副主席项朝宗、麻栗坡县政协副主席熊自兴等，当时也都是60多岁的人了，到如今又过去了30多年，这些老人大多已经作古，再想访谈项从周的事迹已是不可能的事，从这个意义上来说，我关于项从周抗法斗争事迹的调查报告、论文及著作，其史料价值不言而喻。[①]

我对中法战争与云南的研究，还关注到了战后云南与法越殖民政府的关系，如经济、文化及路权、矿权等问题，这些内容我文章里都有，在此就不展开讲了。

最后，我想用我的老学长、原云南省社科院东南亚所所长陈吕范研究员的评论来结束我们的谈话吧。他写道："中法战争是中国近代史研究中的薄弱环节，对中法战争与省区的研究则更为少见。《龙永行学术文选——中法战争与云南专集》开拓了此项研究的许多新领域，如中法战争与云南的关系、战争中的滇军、云南边疆各族人民对战争之贡献、战争对云南的影响、战后的中越界务、中越历史上的宗藩关系、西方列强对战争的态度和干预以及这次战争有何经验教训等，都是前人甚少研究过的课题。龙永行同志运用马列主义的立场、观点、方法，对上述问题进行了深入细致的研究，开拓了新的领域，填补了中法战争史上的许多空白。其中，尤以对中法战争与云南的研究，成果丰硕，立意新颖，颇具特色，因而引起了人们的瞩目。其他如对中法战争的性质、战争中的事件和人物以及各战役的分析，都是材料充分，立论正确，考评得当，富有新意的研究成果。这些论文，大多数在《近代史研究》《军事历史研究》《中央民族学院学报》《中国边疆史地研究报告》《中国西南文化研究》《学术论坛》《思想战线》《云南社会科学》《东南亚研究》等重要学术刊物上发表，有的被《中国近代史》《世界史》《中国古代史》及国外权威学术刊物多次转载、译载，因此可以说，这本论著是国内具有较高水平的研究，是我国近年中法战争史具有代表性的丰硕成果之一。更可贵的是，龙永行同志不顾个人安危，多次深入边疆进

①相关内容参阅龙永行：《苗族首领项从周抗法述评》《项从周抗法斗争事迹调查报告》，《中法战争论丛》，东南亚杂志社1994年版。龙永行：《苗族抗法英雄项从周》，云南民族出版社1990年版。

行实地调查、考证，使过去长期湮没无闻的滇东南各族人民，特别是苗族首领项从周领导的抗法斗争及其胜利为全国人民所认识，从而大大地丰富了中法战争史的内容，推动了中法战争史研究的深入发展，并为爱国主义教育提供了一部生动的教材。”[①]此外，中国人民大学的杨遵道教授、云南省社会科学院的马立叶研究员等都对本书有过相似的评论和意见，这里就不一一赘述了，在此，谨对他们表示衷心的谢意。

谢谢梁初阳博士的采访！

谢谢大家！

（龙永行，云南省社会科学院研究员）

---

①《龙永行学术文选·前言》，云南大学出版社、云南人民出版社2016年版。《中法战争论丛》一书，《云南日报》《光明日报》《北京日报》均有报道评介。项从周的事迹还反映在文艺作品中，如龙永行创作的《民族英雄项从周的传说》（《山茶》1984年第2期）被改编并拍成电视连续剧，《中化各民族谁也离不开谁》（青海）、《苗族民间故事集》（云南）、《中学语文增读本》（云南）等书均将其收入。

在田野中寻找历史[①]
——桑耀华治学识认

桑耀华口述　杜娟、马颖娜整理

当走进田野之时，阡陌交通间你离历史便更近一步；当走入书斋之内，纵横捭阖中你又回归田野之趣。在田野中寻找历史，在书斋中验证田野，田野与书斋赋予了一个历史学人书卷与泥土的别样芬芳，桑耀华老师便是这样一位历史学者。有幸在云南省社会科学院历史、文献研究所成立一个甲子之际与桑老师结识，并能在杜娟老师的指导下完成桑耀华老师的学术历程访谈，其中获益与感触颇多。今整理桑耀华老师的治学经历结成此文，以为纪念和鞭策。

——题记

一、书斋与田野的熏染

（一）在阡陌中的初授业

桑耀华，1931年出生在大理洱源县东山脚一个叫尚新村的

---

①文中未标注出处的引文，皆出自杜娟老师访谈桑耀华老师的访谈记录。

小山村。启蒙于私塾，在“小小猫跳跳，跳到天上捉月亮”的启蒙读物中度过童年时光。1941年，桑耀华进入宁弥小学读高小。1945年抗日战争胜利，桑老师考入洱源中学。桑老师回忆说：“进入洱源中学之后，我参加过征粮，还在小学带过课，在下关市洱源县支行工作过。在银行工作大概是1951年1月份，我们的主要任务就是货币兑换。钱是随着解放军部队带进云南的，票面有1万元、5000元、1000元。后来货币改革，原来的1万元等于新1元。新票子的1元可以买很多东西，1/3个鸡蛋。钞票面值比较多。有5元、3元、5角、2角、1分。之后群众反映钞票面值太大，于是我们就背着一角两角换钱。”“到了1952年‘三反’‘五反’结束，省里要求各县输送人才，各县选出人才去下关考试，前两批洱源没有考上的，第三批中徐宗武和我考上了，考完以后1个月我们上昆明。那时候是缴来的道奇汽车，没有汽油，只能烧柴，车顶背上有个大皮包，车上坡的时候需要烧柴。我们到昆明要四天半。我们属于调干生，我1个月可以拿25块的生活补助。”80岁老者回忆起儿时往昔清晰生动，博闻强记已成为这位历史学者的血脉精神，深入骨髓。

（二）求学东陆——文献与田野的汇通

1952—1958年，桑耀华老师在云南大学历史系民族史专业学习。从之后的学术经历来看，桑耀华老师深受当时云南大学历史系文献与田野并重的教学理念影响。20世纪50年代的云南大学历史系，方国瑜、杨堃、江应樑等大师汇聚，当时主要开设中国通史、世界通史，云南民族史、云南史料目录题解、彝族史、彝族社会史、傣族史等相关课程。桑耀华老师回忆：“我们是52级，除了开设通史课程以外，我们还有考古，是徐知良（是河北人）教，刘文典安排给我们班，讲文献学。当时学校要求老师搞专业，系里就有了民族史专门化和民族史专业，1956年还设立过云南民族史专门化、阿拉伯史专门化、东南亚史专门化、中国古代史专门化、中国近现代史专门化、欧美史专门化等6个专门化专题。在民族史专门化的课程设置里有杨老师的民族学调查方法课程，专门讲下乡调查。”

（三）学以致用——参加少数民族社会历史调查

1958年，桑耀华老师被分配到云南省少数民族研究所工作。在这里主要从事简史简志的编写工作。“侯方岳管我们，有一个事情是，当时是新中国成立10周年，要献礼，要编5种丛书。一种是全国56个少数民族写一本，每个民族都有，另外是每个民族都要有一本简史简志合编，还有就是每个民族有一本语言志，每个民族要出一本调查资料。这个当时看看感觉完不成，最后就缩减到几个大的民族，这几个大的民族必须拿出来。傣族是一个，傣族是侯方岳的重点。侯方岳下去西双版纳，办公室主任穆扬也下去，之后我也下去了。我主要是收集资料，写简报。高树生看了，他就签发，就找一个学生刻钢板，刻钢板后就印，印之后就发给各个组。”

20世纪50年代中期开展的少数民族社会历史调查，既是为了满足少数民族地区民主改革的政治需要，也具有丰富马克思主义社会理论和强调中国特性的双重追求。从学术的内在脉络来看，社会历史调查本身呼应了史学界关于“古史分期”讨论的需要，更重要的是，社会历史调查对传统历史学理论与方法产生了巨大冲击，并让一种新的方法论——人类学/民族学的“文化遗存法”在史学界得到广泛运用。正是这一方法论的运用，这一时期的很多民族史研究者，同时也从事古史研究，开始尝试运用相继公布的各少数民族社会历史调查材料来讨论中国古史问题。

桑耀华老师也备受这一方法论的影响，比如其在随后发表的文章《景颇族山官问题初论》（1983年《民族学研究》）、《论近代景颇族的半部落半封建性质》（1992年《云南社会科学》）都运用了“文化遗存法”对景颇族社会进行了分期。

（四）田野回响——研究的起步

桑耀华老师回忆他的研究起步时说：“我开始关注德宏地区，要从我1963年到德宏搞社会主义教育开始。当时也叫‘四清’。在那里搞了半年，就把我调在德宏州，说我的工作就在那里了，就没让我回来。开始跟着省编委搞社会主义教育，1963年6月份下去，到年底孙代兴、萧泉也去了，他们搞了一段时间就回来了。之后就没让我回来。跟着省编委，第一期完了，继续又搞一期，第二期归泸西县委管。我们搞社会主义教育第一期在三台山搞景颇族地区，第二期就把我弄到芒市背后的山上，中东乡，都是汉族，又在那里待了一年。以后回来分配州工委农村工作部。待了几天，都是跑乡下，景颇族地区。那时候下乡背行李，背一支枪。”

“‘四清’搞了一段时间，因为要搞样板田，又让我参加德宏州政府农林科，搞样板田。那段时间的中心任务就是要推广双季种植，种两季，原来傣族种一季，水稻种完以后就不管了，现在推广两季种就是种小麦。搞了一段时间，然后又回州工委，原来州工委管档案的人抽去猛嘎去当区委书记，我又去管档案，管了几个月，我都看完了。看看原来怎么制定政策，调查了些什么东西，写了什么简报。没有事情干了，我又跑去政协，问他们有什么资料。最后有个年纪比较老的，他看我是州工委的，就拿土司家谱给我看，方家的，给我看。那段时间我们还要参加社教，大概是每个月一次，集中在芒市开会，传达新精神，汇报情况。社教有一项内容就是在广场上放电影，有些傣族老人外面放电影不想看，就在招待所吹牛、抽烟。有些电影我也不想看，我看着有人，我就问问他们，哪些寨子原来是哪些民族，问他们从哪里迁来的，迁来之前在哪里，这些我也了解一些。对我后来研究比较有帮助的就是我这一时期收集的资料。”

“‘文化大革命’开始后，我又回到编写组，我负责的办公室工作渐渐少了一些，崩龙族即现在的德昂族，没有人编，我就编。”桑耀华老师回忆道：“崩龙族资料很少，调查组只有一个杨毓骧写了文学方面，生活习俗他调查了一点，这个历史没什么，后来是陈炯光下去的时候，顺便调查了镇康，崩龙族在大寨那点，宋恩常也去一点，后来我就接手这些材料，开始着手写崩龙族。”

由于在德宏的工作经历以及重视田野资料的收集，桑耀华老师的研究方向重点集中在了德宏地区、德昂族等。田野的回响影响到了桑老师今后的学术道路，1978年桑耀华老师回到云南省社会科学院历史研究所，其在德昂族、阿昌族等民族研究方面取得了丰硕的成果。

二、田野与文献中的成果

（一）对德昂族的研究及相关成果

桑耀华对德昂族的研究正如前文所述发端于少数民族社会历史调查时期，其主要研究成果集中在德昂族的族源、德昂族社会阶段研究、德昂族历史研究。

第一，对德昂族的族源研究。桑老师认为唐代樊绰《蛮书》记载的“茫蛮部落”应该是佤德语支的先民。[①]桑老师不仅运用文献资料引证“开南杂种”主要民族成分是佤德语支的先民——濮，而且通过实地调查的方法，用现今民族分布验证茫蛮是今天佤、德昂、布朗的先民。同时，运用了访谈方法补充史料不足，证实德昂族是德宏地区的古老居民。

第二，对德昂族社会经济状况的研究。因为德昂族没有本民族文字，又缺乏史料记载，因此桑耀华老师利用民族调查资料、德昂族先民遗址踏查、地名演变等方法，提出德昂族先民早期社

①桑耀华：《茫蛮和金齿族属试论》，《云南社会科学》1985年第3期。

会达到相当发展水平。[①]

第三，德昂族历史变迁研究。德昂族先民蒲人在宋元以后发生重大变化，根据桑耀华老师对西双版纳、德宏、思茅专区北部及元江、耿马、沧源、孟连等现在傣族居住较为集中的地区分别进行了考察，得出的结论是：西双版纳在唐末宋初已有较多的傣族先民进入；景东、景谷、元江地区傣族的大量迁入是在11世纪中叶；德宏地区除瑞丽和盈江县外，其他各县的傣族更多的是在元末明初战胜其他民族后才大量迁入的；而耿马、沧源、孟连的傣族，则多数是在明代迁来的，从而说明了宋元时期蒲人减少的原因。[②]

（二）对景颇族的研究及相关成果

对景颇族的研究成果主要集中在3个方面：一是对山官的研究。桑耀华老师认为，山官不是景颇社会某一个发展阶段的专有名词，山官仅仅是对世袭头人的称呼，其运用了大量的民族调查资料来论证。[③]二是对家长奴隶制度的研究。桑耀华老师认为：景颇族社会中的奴隶仍属家长奴隶制的范围，奴隶主要用于农业生产及家务劳动或作为官家婚娶的礼物。[④]三是对景颇族原始宗教的研究。桑耀华老师研究了景颇族的原始宗教与“贡龙”起义的关系，他认为原始宗教为“贡龙”起义提供了理论武器和宣传武器，是一场以宗教名义发动的农民起义。[⑤]

（三）对滇的研究及主要成果

桑耀华老师认为古代滇文化并非是越人或羌民族先民创造的，而应该是古代濮人（莫—孟人）为主创造的，文章以史料、

①《德昂族》，国家民族出版社1986年版。

②《略论宋元明时期傣族的北迁》，云南省历史研究所编《研究集刊》1982年第2期。

③《景颇族山官问题初论》，《民族学研究》第五辑，民族出版社1983年版。

④《试论景颇族历史上的家长奴隶制》，《研究集刊》1983年第一辑。

⑤《景颇族的原始宗教与“贡龙”起义》，《思想战线》1992年第1期。

考古材料、民族志资料结合的方法来论证。滇民族的消失，桑耀华老师提出：滇国的建立者是孟高棉族群中的孟人，他们消失在“蜀国”、在“交趾”古战场，并与云南建宁霍氏部曲“同归于尽”，其他则融合于爨民族中。桑老师运用考古材料论证了这一观点。

从以上对桑耀华老师研究成果的梳理，我们不难发现，桑老师在研究历史问题时，不仅重视史料的梳理与运用，更能熟练地运用田野资料、民族志资料和考古资料。多元化的资料来源，使桑老师的论述更为有理有据，也为本来单薄的少数民族史料增添了厚重与说服力。

三、在书斋与田野中的思考

短促的文字，难以对桑耀华老师的治学经历进行完整的认识与记录。站在田野中的历史学者，仅是对桑老师管中窥豹，绝非其全部血肉。然而就以对文献和田野的重视，也值得我们今天的历史学人尤其是民族史学人思考与学习。

（一）到田野中理解民族史

20世纪80年代初，江应樑先生就明确提出人类学方法与民族史结合研究的要旨。他在《论人类学与民族史研究的结合》[①]中首先认定民族史和人类学的研究内容有很多交错关联之处，很难严格划分。“过去民族史的研究传统是主要依赖汉文历史文献，或者有这种倾向，而人类学民族学的研究则主要依赖田野调查材料。”同时，江先生认为从文献资料研究历史，有6点不足：“一是汉文史料内容简略记载不完备，材料不够；二是分散残缺，这些汉文史料多字句残缺，需做艰苦细致的校勘补正辑佚工作；三是汉人史料、著作中存有明显的民族偏见，有汉文化中心主义倾向，歧视、侮辱

①《思想战线》1983年第2期。

各少数民族的记载比比皆是；四是异文异词，记述混乱，难以提供史实真相；五是汉文献史料的真实性存在问题；六是文字史料受时间的局限性很大，仅能反映有文字以来的人类文明，而其更久远的史前史、人类起源、文化起源诸问题则为文献资料所不能反映。”因此，江应樑先生认为，“人类学可以在我国历史文献中找到珍贵的资料，而民族史在依赖文献不能满足需要时，可以借用人类学加以弥补”。

受江应樑先生倡导的影响，之后涌现出一批学者，如杨庭硕、桑耀华等重视历史学的三重证据：文献、考古、民族调查，更指出“民族调查尤为重要，因为它是过去历史的重现”①。

然而，单以民族史学科发展至今而论，我们在研究方法上有回归单一文献的倾向，这一点值得我们深思。前人已经为历史研究的视角填充了多元的维度，文献研究只是其中之一，口述、田野、考古资料的综合运用，才能让民族史真正走向丰满。

（二）在文献中寻找情境

无论是在访谈桑耀华老师的过程中，还是在梳理他的研究成果时，笔者都能深切体会到桑老师语境中的生动与血肉温度。历史文献从来不是冷血无感，它是社会认同与区分、个人与群体利益角逐的产物，应该是鲜活生动的。

然而，传统史学对文献进行考据，让来自田野的鲜活之气淹没于故纸堆中，割裂了文本所承载的社会脉络情境与个人情感。因此，当下我们做历史研究，在关注历史本身客观事实的同时，更应该关注文献背后的情境，包括文献撰写人的自身心境与文献创造者的利益诉求。文本来自田野，应尽力还原田野之味。

谨藉此文感谢桑耀华老师。

（桑耀华，云南省社会科学院研究员）

①杨向奎：《文明中国的十月太阳历·序》，云南人民出版社1986年版。

孙代兴访谈记录及学术年谱

2015年11月24日至12月22日，杜娟、马颖娜在云南省社会科学院历史、文献研究所（后文简称历史所）办公室对孙代兴研究员进行了4次访谈。为了保存资料，我们经过录音整理，比较完整地呈现孙代兴研究员那一代学者的生命历程和学术人生。

访谈一

访谈时间：2015年11月24日　星期二
访谈人：杜娟（文中简称杜）
受访人：孙代兴（文中简称孙）
记录人：马颖娜

杜：感谢孙老师能够接受我们的访谈。老历史所的历史，在社科院成立30周年的时候，由申旭、牛鸿斌、郭净等老师执笔进行过整理。历史所过去的研究，可以说能代表云南历史学界，特别是孙老师你们的研究，是新中国云南历史研究奠基之作。我们所之前的近现代史研究比较强，现在我们需要把传统接续下去。

孙：文史馆还继承了以前的传统，但是我们所已经断了。对于我们所的历史以前研究过，但是不够深入。现在应加强写我们所自己的历史。我们所的历史，其实也是云南社会科学发展的历史。我们所以前的研究方向主要集中在帝国主义入侵云南之后的云南地方史。我们的边疆史、云南中外关系史，比如张凤岐的《云南外交问题》是我们可以利用的资料。帝国主义侵略云南形成的边疆危机，我们这一辈没有深入研究。尽管有很多人研究过，但是还是应该深入拓展，研究的题目还是很多的，比如立足近代以来云南边疆的发展史是很重要的研究方向。以前出过一些书，但是比较浅显。云南的辛亥革命是很有特色的，云南革得很彻底，与其他省不同，成为民主革命的基地，应该深入研究。中国社科院近代研究所、武汉的辛亥革命研究所，我们当时和他们有交流。当时西南历史是他们研究的弱点，因此他们提出我们可以把西南的研究成果输送给他们。中国新民主革命史，看不见我们云南的身影，所以我们就把护国运动资料、辛亥革命资料整理出来送给他们，增加我们云南的声音。

杜：你们当时的资料来源于？

孙：我们的资料主要来源于文史资料、还健在的辛亥革命的亲历者和老人的回忆都是我们的资料。档案没有好好利用，20世纪80年代以前用得少，80年代后才开始用，是研究军阀史时才开始用。

以前历史所有一个大资料室，保留着很多我们当时收集的资料，就是为云南历史研究服务的。当时“文化大革命”没有结束，要做云南简史。为什么要做云南简史呢？当时云南省委书记周兴去北京开会，毛泽东就问起各省的领导是否知道自己的历史，于是周兴回来就找云南的历史，但是当时没有云南通史，周兴找到方国瑜，方先生说：“没有现成的，只能现写，我的学生一大批人都可以写，历史所的人还在，也可以参加写。”于是，刘罗生开始做筹备，恢复历史所。当时我们被下放到东风农场，因为做云南简史，所以我是第一个回来历史所的。最初我、赵卓、周瑜栋、刘达成被调回来写云南简史，写了草稿，后来又扩充。马曜也过来历史所，专门成立云南历史组，后来主要负责做上段。张恭新是边疆工作委员会的处长，也被分来负责做云南简史。

杜：孙老师，跟我们讲讲您的人生经历嘛。

孙：我家在重庆璧山区，现在大概距离重庆主城区有20公里，原来有60公里。我家就住在县城里，中学时我当青年团干部，1950年末就离开了学校。我上学时在璧山县职中，解放前期改成农中。我是学农科，还有化工科、财会科。学了两年，中途1949年11月初解放。1950年运动逐渐开始，青年工作没有人做，干部都是外地人，当地干部很少，1950年朝鲜战争爆发，军队文化素质较低，军事干部到学校动员青年参军，因此县委抽调学校骨干，抽了4个，我就是其中之一（我是璧山职中的学生干部，是佼佼者），进入学校动员学生参军，我就算干部了，新民主主义青年团、县团委工作委员会干部。我主要负责璧山中心的宣传动员工作，主要是动员16岁以上青年积极参军，职校学生不够，中学名额却超标。做了两个多月，我就得到一个机会去党校学习。县团委办了一个党校，抽调人参加青干班。我就成为青年团川中区青年干校第一批学生。青干班位置在重庆南山。学了一段时间，半年后我回到璧山，1951年夏天。璧山县委隶属江津地委，江津地委管辖重庆周围10个县。1951年春天璧山完成土地改革，其他各县要开展全面的土地改革，于是我就进入土改队，进入江津，1952年去永川，1952年5月永川土改结束，我回到璧山共青团，分管学校发展团员。

杜：我去过璧山，那里有基督教堂。

孙：璧山丁家镇基督教有福音堂，正兴镇有法国天主教堂。正兴镇我上过小学（抗战还没结束的时候），中国平民教育协会的办公室就在璧山。

杜：1982—1986年我在西南师范大学（简称“西师”）学习。

孙：1983年我评上副教授，谢本书正高，历史所的学生是我们两个指导，张晓春做抗日战争的云南经济发展，是我指导的。我们当时还在社科院的研究生部上课。谢本书的学生，第一批王丹、曹伟琼（贵阳市师专教书），第二批袁国友、王国平，第三批张神根、龚喜春（1990年毕业）。

杜：当时土改是什么样的情况？

孙：当时土改，江津是一个很大的县，属于第六区，我十八九岁就已经是干部，一个乡、县设指挥部。我们带队的民运部的部长是县委委员，我最初在乡指挥部当秘书，是璧山土地改革的积极分子，驻村，我在村当组长，四五个月才结束。从川东区团校回来，我就参加土改工作队，我到永川搞了一半，荣昌是从头到尾。

1952年5月，我回到璧山县团委，还是管学校工作。中学调整，有完中、师范学院（半公费）、农校（全公费）。我那时候为什么能当学生会主席，是因为那时候吃饭是全额拨粮食，学校就去拉粮食，到正兴镇去运粮食，我就去（因为我在那里读过小学），拿着凭条，乡绅帮我们筹好粮食，我们运回来。因为我没有回家，尽职尽责地把粮食拉回来，所以把我选为学生会主席。后来组织来了，我被第一批发展为团委，我是骨干。后来我回来做学生工作，就比较熟悉。我长期驻扎璧山中学，我高中没有好好读书，运动很多，我就忙于运动。1952年我长期住学校，我就好好地学习了。1954年团委有人考大学，那个人考上北大，我就有想法。1956年国家掀起社会主义建设高潮，但是知识分子太少。周恩来动员知识分子建设社会主义高潮。学校教育要扩大招生，号召高中毕业的同等学力工作人员都可以考。我当时抽调到农村做合作社的调研，我听到这消息后就回来了，距离高考两三个月。我做学生工作，老师都支持我，大纲中的知识他们都帮我补课。只能考文科，语文主要是读读课文，我在团委的时候上初中的政治课《社会主义常识读本》，政治对我也不难，史地也比较熟，外语差一点，一般要求在职人员有优待。我的考场在西师。那时候填志愿：人大（新闻系），不在外面招，所以白填；北师大（教育系），没录取；云大历史系，云南，读书的好地方，气候好。我们那有昆明师院的学生，所以介绍云大是好学校。我是1956年来的，木芹是1957年毕业。那时我们有40多个学生。54级干部多，55级干部少一些，56级有六七成都是干部，带薪学习，不是按原来的工资拿，我拿第三等调干助学金25块，一等产业工人、劳动模范34块，二等刘罗生他们拿29.5块，三等荆德新也拿。荆老师是部队的文化教员，因此转业不久就考试。在校生没有这个待遇，可以申请助学金，龙永行就申请助学金，除了吃饭，还有两三块生活费。荆德新、刘雯雯、龙永行、刘罗生、袁任远还有我，都是社科院的同事。毕业的时候有59人，但从事研究工作的人不多，就有10多个，后来学术职称为正高的只有5个人，即张晨旭、王成全（摩梭）、荆德新、龙永行和我，大学里面的很少。

分配工作的时候，中国科学院民族研究所来要了3个人，我也在其中。荆德新是历史所，刘罗生分到调查部（现在的国家安全部），外交部1个，新华社1个。我当时分到民族学所，编制是中国科学院的，在云南有个少数民族调查组（侯方岳任组长），1960年就来云南做调查工作，我就报到。1961年我们10多个都被分出来，让去新疆。云大民族学院就要宁超出面，“孙代兴学历史，就要来历史所，其他那几个是学语言，愿意去民族学院的。”我是1961年到历史所。当时10多个人，1958年历史所成立时宁超就在，1959年朱长利入职，1960年荆德新入职，1961年把我调进来。20世纪60年代研究云南通史，重点研究近代史。北京下放干部萧全学东语系缅甸语，王松泉天大学外语的也进入历史所。当时云南大学历史系与历史所是两块牌子、一个领导，方国瑜副所长、张德光具体负责所里面的事务。历史所附属于云大历史系，我们当时有两个组，地方史一个组有云南通史：荆德新、我、林荃、吴宪民（政协文史资料），东南亚史一个组有宁超、萧全、王松泉。我们组人少，写一些小文章，发在《云南日报》。通史只是准备，资料准备，收集资料（1961—1963年）。张德光只是时不时来座谈，问问有没有什么困难，1963年的时候历史所与云南省少数民族调查研究所（在民委办公，汪宁生也是这个所的）合并，人就多了，三四十个人，到1966年我们有五六十个人。历史系教学1个编制、研究1个编制。教学的有具体的任务，我们主要收集资料。

访谈二

访谈时间：2015年12月15日　星期二

访谈人：杜娟

受访人：孙代兴

参加人：陈曦

记录人：马颖娜

杜：上星期有一位开远的专家来我们院讲开远的城乡一体，我们院与开远很有渊源，纳院长、何院长都是开远的。

孙：纳麒出生在开远。但是何耀华不是，他是出生在四川宜宾，到个旧打过工，1957年考上云南大学。

20世纪60年代“文化大革命”前，我们所聘请刘宗岳当英语老师（他的父亲是龙云的上司，刘发良是昭通独立营的营长，龙云当班长，所以刘发良的儿子大学毕业回来之后当龙云的外语秘书），解放后，没有什么事情。他教书的时候60岁左右，1963—1966年，他在所里开过英语补习班，每个星期3次，一次两节。他翻译了《中国西南古纳西王国》，但是当时不能出版，说是帝国主义的东西。后来由刘达成组织出版。

杜：为什么那时候会想着学英语?

孙：当时希望大家掌握一门外语，大多掌握俄语，但是中苏关系不好以后，我们就觉得英语比较实用。他用许国璋英语教材教我们。萧荃、王松泉都来旁听过我们的课，他们认为刘老师教得不错。他们两个都是专业学英语的。我们看到国内的英语刊物《中国建设》，翻译一些小文章。当时历史所独立户头，所以经费比较充裕。他是历史所临时聘请，没能进入历史所编制。

当时历史所还在外面聘请了一些老专家，像《清实录》的云南史料，是历史所聘请文史馆进行整理，以梁之湘为主，是云南省著名的学者。在宣威当过县长，解放后侯方岳组织他整理明清实录。1975年他突然去世。当时聘请很多人来整理资料，为了积累资料，为了编地方史、民族史，当时东南亚室，目标不清楚，蒲卓琳的亲戚蒲莱外语比较强，当时的外语考试中，普莱的成绩最好，他不是英语专业，他在美国学法律，他们夫妇俩在外交部，他夫人陈小林情况比较复杂，被下放到自贡，侯方岳知道后把她调过来，是昆华医院的医生丁建华推荐给侯方岳的。陈小林在资料室，王松泉是燕京大学的，跟王光美是同学。

地方史研究室，研究目标准备写云南通史。王叔武、杨光楣、王宏达、荆德新、林荃、孙代兴收集材料。张德光副所长有时候来，熟悉云南史料。从通志抄大事记，但是研究氛围不浓。要求一半时间下乡锻炼。

1963年办公室在老云大惠泽园的三楼上，后来合并后在民大莲花池红砖房二楼、三楼。到1972年，又搬到云大办公，惠泽园一楼，云南简史都是在云大编写的，主要时间是1972—1975年。1975年搬去外语系的三层小楼集中办公。

杜：孙老师请您讲讲云南近代史的写作过程嘛。

孙：云南近代史是专题性的写作方法。大家商量，以专题进行叙述，比较好写，大体上照顾到时间。鸦片战争开始，以人民起义为主题，辛亥革命、护国运动，主题与历史时间结合。写抗日战争史料好找，写经济材料不好找。如果政治、经济、军事串联写，不好找材料。

杜：董孟雄当时不是写过一些经济史的文章吗？

孙：董孟雄的云南近代经济史才有小论文。经济材料很少，所以很难做，没有现成的书籍。

董孟雄好像是经济系毕业，毕业之后去了西北当中学教师，解放初期回到云南，他就在云大经济研究室，后来进入历史系，研究经济史。

1960年云南大学开设3个专业：民族史专业、东南亚专业、中国史专业。学中国史的人最多（30多个人），民族史最少，东南亚专业有10多个。董孟雄在中国史组教过书。我们民族史组除了方先生、江先生外，还外聘了一些老师。

杜：孙老师学的民族史，但是历史所民族史的研究就比较弱，为什么？

孙：因为民族史分到民族学所，关于云南通史的交给地方史室，民族史交给民族史研究室。近代以后民国时期的民族史研究薄弱。辛亥革命不好分民族写，那个时代写军事史。

当时做云南地方史不强调民族史，只能看到如何起义、同盟会的革命活动等，不会从民族的角度谈论，没有把力量投入到民族研究。民族关系在革命斗争中几乎不提的，提到最多的是军事组织，是组织起的作用。

杜：您怎么评价唐继尧？

孙：对唐继尧评价的有分歧。唐继尧与蔡锷，分阶段看待。在护国运动早期，唐继尧与蔡锷都有作用，发动起来后蔡锷作用比较大，唐继尧只是在后方。护国运动在全国形成政治气氛，蔡锷的名声要大。但是后方支援安定都是唐继尧的作用，他们后来出现分歧，支持袁世凯的力量从广西打过来，唐继尧就不上前方支援，所以蔡锷就指责唐继尧不支援，否定唐继尧。蔡锷认为唐继尧要分革命成果，蔡锷很反对。从全国性影响来看，蔡锷影响大，但是从安定后方来看，唐继尧作用很大。

访谈三

访谈时间：2015年12月22日　星期二

访谈人：杜娟

受访人：孙代兴

参加人：陈曦

记录人：马颖娜

杜：这个星期四在云南大学举行纪念护国运动100周年的活动，邀请孙老师代表我们历史所一同参加。

孙：护国运动纪念活动，以前我们每10年举行一次护国纪念活动，但是曾经中断过。

杜：林超民老师今年邀请唐茂生出版一本关于护国运动的书，还没出版。

杜：上次讲到“文化大革命”，我们接着讲。

孙：“文化大革命”结束以后，历史所分所，东南亚室就要扩大。当时东南亚室到处找人，邹启宇、陈吕范主要运作这件事，这主要是在社科院成立之前，1980年之前，可能是1978—1979年。计划云南社会科学院成立，东南亚室单独成立东南亚所，民族研究室也分出来。1976—1980年新所的筹建，郭大烈、向翔、蓝华增、范祖锜都是招聘的时候经过考试进来的。当时通过报纸登招聘广告，招聘社科工作者。蓝华增在编辑部，范祖锜也是在云南社科编辑部。郭大烈进入民族学所，是云南社会科学成立后，开始招聘，大概1982—1983年。白竹思也招聘进来了，白竹思是十六中的，王国强没有参加考试，通过单位商调进入社科院。

1976—1980年，历史所还继续工作，继续收集材料，1974年前后云南史稿子交出，告一段落，转入地方史研究。1974—1975年，外事办公室借调历史所林超和我，外交部需要中越边界、中老边界的历史背景资料。

1973—1980年，历史研究所当时属于云南大学代管，历史所认为以前是独立的，历史所不服气，跟宣传部联系比较多。张德光兼任所长，方国瑜兼任副所长，张德光管得比较多。1975年侯方岳回来历史所，安排了一些地下党的党政干部，刘德光曾经任办公室主任。1975—1980年回归了一些研究人员，林超、卿勤慈纷纷回归，组织队伍。我参加划界工作的时候，发现1974年以前历史所没有用过档案资料。我们做划界的时候查边界资料，发现云南档案馆有很多资料，这一批档案曾经被南京档案馆借阅过，南京大学历史系学生整理过一部分，分过类。孙恩昌、林超、我3个人就开始着手进行云南档案馆的档案资料整理，我是直接进库刨档案，然后就找人抄，编成中越边界资料。师大王民同后来也加入了这一资料整理。1975年结束后，荆德新从丽江回来，龙水行调回来，王丽枝也过来，与李慧倩同班。谢敏（地下党第三支队的队长）、刘克光进入历史所。我当时领了一些人，雇用了一些人，军政史抄了很多，省政府的档案军政史最多。比如南方军阀与北方军阀性质相同，但是以前找不到依据。后来从云南档案中找出云南派出护法政府的官员发给唐继尧的文件，就说明南北军阀是一丘之貉。这一工作花了很大工夫。云南现代档案资料讲究“三亲”（亲历、亲见、亲闻），所以我们的档案资料不能放进去，所以到现在都无法出版。“三亲”其实也不可靠。

20世纪80年代初，社科院成立，谢本书还在历史系，我就和他商量要做专题史，1983年成立护国运动史研究组，组里有高光汉、顾大全、冯祖义（是何兹全的研究生，学古代史，在贵州工作，在航空工业部子弟中学当老师）。

我原来也搞过中越边界，深度达不到，原因是材料不完整。张振坤写过一些中越边界的主要问题。我们查过一些政府档案、外交档案，但是很难查阅到相关资料。我们整理了一些中越边界、中老边界的资料。但是没有整理中缅边界的主要是20世纪70年代中缅边界已定界。但是中缅边界划界很困难。关于江心坡问题，我们也做过一些研究，民国尹明德研究云南划界问题做出了地图。李根源与尹明德关系很好，尹明德受过李根源的资助，出来上学、当官，关系很深。中英滇缅划界，中英关系做得很复杂，缺乏深入的研究。

1980—1983年刘克光、王静怡主要负责历史所工作。王静怡曾经在云南师大当老师。齐廷槐是办公室的职员，管办公室工作，办公室共3个人：财务王玥、支书王箐、行政事务齐廷槐。1984年谢本书调入历史所当所长，集中力量研究中国近代史。1964年地方史研究室就制订写云南近代史，“文化大革命”以后，我们重点抓近代史，古代史没有研究。古代史是王叔武，王洪武调入民族学院。

谢本书定目标，写云南近代史、专题史：回族起义、洋务运动（荆德新）、辛亥革命、护国运动、军阀混战（唐继尧前期对云南的军事统治），当时抗日战争提出了，但是没有触动。主要力量集中在辛亥革命、护国运动、军阀混战、西南地区（西南军阀研究会后来改成西南民国史研究会）。护国运动研究会和西南民国史研究会于1985—1986年合并为云南省中国近代史研究会，我是第一任会长，谢本书负责史学会。龙永行也成立过中法战争史研究会，后来撤销。1985—1993年我任中国近代史学会会长，后来交给吴宝璋。

杜：1985—1993年的主要工作是：护国运动史、西南军阀史、云南近代史。其他人做什么，没有加入你们的研究吗？

孙：是的，西南军阀史，我、谢本书、荆德新参加。蒋忠礼1974年进来的，夏光辅也大概是这个时期进来的。夏光辅在历史所不参与军阀史研究，云南省科委提出来科技史没有人写，郑庆汉带头写科技史，夏光辅也参加，后来郑庆汉去世，夏光辅接手了科技史的稿子，他成为科技史的开山鼻祖。李晓岑20世纪90年代来过历史所，也做科技史，他是学冶金的，所以做冶金史。段玉明也在历史所，川大的硕士，他是与民族学院吴老师结婚后来到云南，进入社科院，专业精神不错。他的研究重点是文化史，寺庙历史、宗教文化的历史，不是搞宗教研究的。

荆德新当所长时，我是书记，蒋中礼是副所长。荆德新不当所长后，段玉明和郭净接任所长，当时段玉明在香港读博士。博物馆没有馆长，征求郭净的意见，郭净就去博物馆当馆长，过了一两年回到历史所。颜恩全在历史所当副所长，他原来在民族学所的时候是调查苗族的历史资料。

当时桑文也在历史所做研究，借调走后桑文去当王连芳的秘书。年轻人有王丹、牛鸿斌、王文成、袁丽萍。袁丽萍先进，之后是王文成、孙大江、蒋文中，从党史办过来。王延峰与蒋文中是云南大学同学，对滇西抗战史感兴趣，他就去滇西调查美国飞虎队的史事，后来去美国了。

杜：当时年轻人进来之后，有没有继承所里的学科？

孙：主要是这些年轻人还没有确立自己的方向，所以有一段时间出现青黄不接的情况。

访谈四

访谈时间：2015年12月29日 星期二

访谈人：杜娟

受访人：孙代兴

参加人：陈曦

记录人：马颖娜

杜：《片马事件到班洪事件》这本书您是怎么得来的？

孙：这个材料是中英划界的时候留下来的。其实，这本书不是我借的，而是谢本书借的。后来东南亚所的朱焰拿了去复印，他去世之后，他们所整理他的东西，发现书里面夹着一张条子，写着我的名字，就送到我这里了。这本书不是院里的，是历史所资料室的书，那时候还没有成立社科院图书馆。究竟是哪个办的借书手续，我估计是谢本书。我没办过借书手续。这本书是侯先生他们收藏到历史所的，解放前就出版的。我看了一下是赵帆的，他是农会专家和民委的，估计是搜大地主的家搜出来的，那个时候民委看着有用就拿来了。

杜：所以，那个时候有心人要弄着多少好宝贝。特别是“文化大革命”的时候。

孙：不要说“文化大革命”的时候，“扫四旧”的时候他们都拿着到处烧。有一次他们走到光华街那，也是“扫四旧”，从大的地主商人家里扫出来的，有些同志看见这些东西居然都被烧了，就从火堆里抢了一些出来。

杜：社科院前几年搬大楼的时候，图书馆剔旧。你会发现，那时候图书馆会有很多中美洲的书，比如中美洲历史，还有非洲的，说明那个时候社科院有很广泛的研究方向。

杜：我看到一个材料说民族学院从1973年开始编写云南各族

古代史略，而且材料还说民族学院是1956年由侯方岳成立的。

孙：云南各民族发展史略确实是由民委提供了管理经费。民族学院当时没有一个研究院，民族学院是民族干部学院，主要是培养民族干部、农村基层党政干部。大多数是师范学校毕业的教师，本科毕业的学生很少。1974—1975年才逐渐恢复，所以云南简史当时还是以历史所为主编写的。

这本书的名字，是受方先生的影响。毛主席想知道地方的历史，但是找不到，于是找到方国瑜，方国瑜先生说“云南没有专门的历史，我们了解云南历史，是根据云南的云南通志，了解通志就知道云南历史。新纂云南通志编得很好”，所以才开始编写云南通史。1971—1972年之间，要历史所写历史，由刘罗生筹备。刘罗生是所里领导小组的组长，1960年云大历史系毕业的，分中调部，做国际情报的。后来调回来到博物馆，再到历史所，原来在东南亚室，做东南亚研究。

杜：你们1971年编云南简史的时候，有没有指导思想？

孙：阶级斗争比较鲜明，要写人民的历史，但是没有明确提出。要以史实为依据，不能做传说性的历史，强调史实依据，以政治军事为主。

杜：政治军事史，还是很难写到人民的。

孙：虽然强调写人民的历史，不能做传说的历史，但是实际写出来还是上层的历史，还是不好写到人民的历史。

汪宁生原来也是历史所的，后来去了民族学院。“文化大革命”后，汪宁生没有回历史所，去了博物馆，写了云南考古。后来不在博物馆，去了民族学院，汪宁生、黄惠焜、王叔武都集中在民族学院工作。

杜：你们当时编写护国运动史的时候是出于什么考虑进行分章节的？为什么用专题的方式编写？

孙：在护国运动史的研究方面，谢本书起主要作用，他促成了护国运动研究会的成立。我们认为护国运动比较好做，中国社会科学院、近代史所没有写护国运动。我们认为护国运动比较重要，而且护国运动资料比较多，所以就做护国运动。

一般历史的编写都是按照时间顺序来安排先后，但是我们在考虑护国运动史的时候，觉得还是以专题的发展作为顺序比较合适，能全面综合地反映历史。而且专题好找资料，方便执笔编写。

我和谢本书提出成立护国运动研究组，国民党统战人士也对此很感兴趣。当时我们的活动是讨论护国运动史怎么写，他们找到什么材料就拿给我，我就整理这些材料，并油印。我们的经费向历史所要，有10多万元的经费。

杜：你们抄资料多少钱?

孙：1000字三四角，还是很高的了。个人不向公家要任何待遇，不发劳务费。

杜：还有一些问题想请教一下孙老师，今天有些研究认为，虽然滇西抗战取得了胜利，但是却导致渝湘桂战场的失利，1944年全世界的抗战都胜利了，国民党却还在失败。您怎么看?

孙：传统史学观点与马克思主义史学是有勾连的。方先生很强调，不要先抬出观点和结论，要根据史实得出史论，要论从史出。史学的倾向空洞话的东西很多，“文化大革命”的时候就开始用自己的观点叙述，不尊重历史的发展规律。就像护国运动的研究，30年前的书，30年前的观点、研究成果，到现在还是没有继续深入研究。

滇西反攻的力量，两三年都在滇西准备，是从中缅印战场调回的，不是从渝湘桂调出来的。渝湘桂的军队早就放在那里，其溃退不可能跟滇西有关系。渝湘桂的溃败没有做好准备，1944年还在失败。

杜：陈诚对滇军的评价很低。

孙：滇军在武汉会战，打过败仗，滇军发挥的作用不大。台儿庄战役，基本都是损失，对日本牵制不大，但是伤亡很大。到了长沙会战，滇军先行撤退。中国军队很大程度上牵制了日本，但是溃败很多。长沙会战还是跟日本人进行了抗争，使日本没有办法继续推进。渝湘桂战役的失败，主要是由于国民党没有做好准备抗击日本。

附：孙代兴老师学术年谱

1956—1960年，就读于云南大学历史系；

1961年，大学毕业后进入云南省社会科学院；

1979年，发表《谈蒋介石解决龙云政权的目的》，《昆明师范学院学报》；

1981年，发表《辛亥革命在云南》，《昆明师范学院学报》（哲学社会科学版）；

1983年，发表《关于蔡锷评价的若干问题》（谢本书、孙代兴、高光汉合著），《云南社会科学》；

1984年，《护国运动史》（与谢本书、冯祖贻、顾大全、高光汉合著），贵州人民出版社出版；

1985年，发表《护国战争中的川南之役》，《贵州文史丛刊》；

1985年，发表《国民党新军阀混战与滇系军阀的演变》，《云南师范大学学报》（哲学社会科学版）；

1985年，发表《滇西抗日战争述略》，《云南社会科学》；

1986年，发表《护国起义七十周年学术讨论会综述》，《云南社会科学》；

1986年，发表《辛亥“腾越起义”述评》（与陈力合著），

《云南民族学院学报》；

1987年，发表《“马嘉理事件”之历史考察》，《云南社会科学》；

1990年，发表《关于“史学危机”与史学功能问题——兼评史学领域的某些资产阶级自由化观点》，《云南师范大学学报》（哲学社会科学版）；

1990年，发表《西南军阀史研究述评》，《民国档案与民国史学术讨论会论文集》；

1995年，《云南抗日战争史》（增订本）（与吴宝璋合著），云南大学出版社；

1995年，《团结抗战——抗日战争中的云南》（与吴宝璋合著），云南人民出版社出版；

1997年，发表《中国边疆史地研究的新成果——〈中国边防史〉读后》，《贵州民族研究》。

（孙代兴，云南省社会科学院历史所研究员）

云南民族调查资料白皮书概说

申　旭

20世纪五六十年代全国人民代表大会民族委员会云南少数民族社会历史调查组、中国科学院民族研究所云南民族调查组和云南省少数民族社会历史研究所等部门和研究机构编辑铅印的调查资料，由于封面一律为白色，故被称为“白皮书”。

一、编印格式和署名方式

1956年开始的全国少数民族社会历史调查，最初由全国人民代表大会民族委员会领导，各地民族调查资料的编印格式完全统一。1956年10月12日，全国人民代表大会民族委员会办公室给云南民族调查组发来了公函（给全国各民族调查组公函内容相同）：

云南民族调查组：

你组的调查材料和地方原有的需要你组编印的材料，都可以在地方付印，但须事先报来备案。如为主要调查材料，尽可能先送一份原稿给我们，以便我们及时了解调查的收获。今年的印刷费用，可以按实报销。如不能在地方印刷，则请在编审后交来北京付印。

该公函附有《编印材料的统一规格》：

（一）版面：16开。

（二）纸张：正文用白报纸或薄的白道林纸，封面用80磅道林纸。

（三）字体：正文用老五号宋体，封面标题用一号宋体。

（四）字色：正文用黑字，封面用红字。

（五）封面下部一律印上“全国人民代表大会民族委员会办公室编”。

（六）每种印2000册。

（七）封面举例式样：如后。

云南民族调查组的全称为“全国人民代表大会民族委员会云南少数民族社会历史调查组”。1956年10月17日，云南民族调查组组长费孝通在全国人大民委办公室的公函上批示：

请通告省民委边委按此格式印刷，以便统一。

又批示：

如果省民委和边委认为最好用自己机关名称编印，可在2000份外另印封面。

1958年，中国科学院哲学社会科学学部民族研究所成立，中央民委以该民族研究所为办公室领导全国少数民族社会历史调查，所以云南民族调查组的署名为“中国科学院民族研究所云南少数民族社会历史调查组”，或简称为“中国科学院民族研究所云南民族调查组”，合作署名单位则有“云南省少数民族社会历史研究所”“云南省历史研究所”“云南省民族研究所”及其下面的研究室若干种。

全国人民代表大会民族委员会领导全国少数民族社会历史调查从1956年至1958年仅两年的时间，而中国科学院民族研究所主持全国少数民族社会历史调查工作从1958年直到1964年该项工作基本结束，编印的白皮书数量也要多一些，而这一阶段云南民族调查资料白皮书的整理、编辑和印刷等各项业务，皆有云南省少数民族社会历史研究所参与其中，甚至是担纲负责完成。

就目前所见，云南民族调查资料白皮书的署名方式有以下8种。

1. 全国人民代表大会民族委员会办公室编。如《西双版纳傣族社会经济史料译丛》（傣族调查材料之一），1958年3月。

2. 中国科学院民族研究所云南少数民族社会历史调查组、云南省少数民族社会历史研究所编。如《四川及云南昭通地区彝族社会历史调查资料》（彝族调查资料之二），1963年5月10日。

3. 中国科学院民族研究所云南民族调查组、云南省历史研究所民族研究室编。如《云南省宁蒗彝族自治县永宁纳西族社会及其母权制的调查报告》（宁蒗县纳西族调查材料之三），1964年12月。

4. 中国科学院民族研究所云南民族调查组、云南省历史研究所民族社会历史研究室编。如《云南省哈尼族社会历史调查》（哈尼族调查资料之一），1964年10月。

5. 中国科学院民族研究所云南民族调查组、云南省民族历史研究所民族研究室编。如《永宁小凉山彝族奴隶制社会历史调查》（永宁彝族调查资料之三），1964年。

6. 中国科学院民族研究所云南民族调查组、云南省民族研究所编。如《云南省拉祜族社会历史调查资料》（拉祜族调查材料之二），1963年5月。

7. 中国科学院民族研究所云南民族调查组、云南省民族研究所民族研究室编。如《云南省独龙族历史资料汇编》，1964年2月。

8. 中国科学院民族研究所云南民族调查组、云南省民族研究所民族社会历史研究室编。如《云南省德宏傣族景颇族自治州社会概况》（景颇族调查材料之八），1963年5月。

实际上，云南省少数民族社会历史研究所、云南省民族研究所、云南省历史研究所这几个名称是同一个单位，而非不同的部门。例如，《云南省怒江傈僳族自治州社会情况》［傈僳、怒族、独龙族调查材料之三《1956年12月至1957年6月怒江傈僳族自治州的怒族社会经济调查报告》（全国人民代表大会民族委员会办公室编，1958年3月）］“前言”和《1956年12月至1957年6月云南西盟卡瓦族①社会经济调查总结报告》（卡瓦族调查材料之一）（全国人民代表大会民族委员会办公室编，1958年3月）“编辑前言”的内容相同，但前者的落款为“云南少数民族社会历史调查组、云南省少数民族社会历史研究所，1958年3月”，后者的落款则是“全国人民代表大会民族委员会云南民族调查组、云南民族研究所，1958.2.13”，很显然，云南民族研究所就是云南省少数民族社会历史研究所，二者所指为同一个单位。

“云南省少数民族社会历史研究所”为该所最初的名称，是专门为配合云南少数民族社会历史调查而成立的。当时云南省少数民族社会历史研究所与云南少数民族社会历史调查组在昆明市

①文中“卡瓦族”“卡佤族”“佧佤族”皆指佤族。为保持原貌不作改动。后文不再一一说明。——编者

翠湖东路12号合署办公，在很多情况下行使云南少数民族社会历史调查组的职权。

关于云南省少数民族社会历史研究所名称的由来和演变，曾任所长侯方岳回忆说：

> （1956年）8月初经省委批准，8月8日正式成立“云南省少数民族社会历史研究所”（简称“云南省民族研究所”）。嗣后，“全国人民代表大会常务委员会民族委员会云南民族调查组”组长费孝通教授，率北京有关大专院校教师10人、四川财经学院教师1人来昆；我省亦从各大专院校和文教机关抽调20余教授、教师及新成立的我所10余人参加，共同组成“云南民族调查组”（调查及图书采购经费四分之三来自北京全国人大民委），除组长费孝通教授外，我与方国瑜教授副之。经一月半学习马列政治经济学、民族学与历史著作和莫尔根《古代社会》以及前人关于云南民族调查著作，9月底由费孝通、杨堃率3个分组赴边疆民族地区，首先调查佤、怒、景颇、傈僳、独龙五族社会历史，我留守昆明主持后勤。并邀请省政协文史馆、参事室、文史根底深厚的老先生集中于省图书馆，摘抄古代历史文献中关于云南地方、民族史料，并函请各省市出版机关，与书店联系，大量选购图书，加速基础建设。……1957年以后，下放一大批干部到农场，历史所编制缩减二分之一；同时又决定：“研究所迁入民委，合署办公”。……1960年11月，我所与调查组迁入云南民族学院办公。……1958年云南大学历史系报告省委批准，成立中国科学院云南分院的“云南省历史研究所”，编制12人，由方章教授兼所长，在云大内。1962年，省委让它合并于“省民族研

究所”。从此省民族所，除办公室、图书室外，正式划分为民族研究室、东南亚研究室、云南地方史研究室。①

关于“云南省少数民族社会历史研究所”更名为“云南省历史研究所”，曾任所长谢本书回忆说：

继云南少数民族社会历史研究所之后，于1958年成立了中国科学院云南昆明分院历史研究所，其主要任务是研究云南地方历史。1963年，云南少数民族社会历史研究所与科分院历史研究所合并，正式改名为云南省历史研究所。……1972年历史所恢复工作，暂由云南大学代管。由于当时的形势，科研仅处于应付日常工作的被动局面。“文化大革命”后，历史所划归中共云南省委宣传部代管。1980年，云南省社会科学院成立，历史所直属省社科院领导。②

历史所现在的名称为“云南省社会科学院历史、文献研究所”。从1956年成立至今，历史所饱经风雨的车轮已经碾过了一个甲子，“活”了整整60年，也算有了悠久的历史。

二、云南民族调查资料白皮书的内容

云南民族调查资料白皮书一共编印了多少种？不知谁人能说得清楚。目前，我们已阅读过58种，现将其目录③罗列于后，

①侯方岳：《云南省历史研究所成立三十周年》，云南省社会科学院历史研究所《研究集刊》1986年第2期。

②谢本书：《勇于开拓　不断进取——纪念云南社科院历史研究所成立三十周年》，云南省社会科学院历史研究所《研究集刊》1986年第2期。

③本目录先后按中国民族代码顺序编排。

以供研究者参考，同时希望方家提供更多线索，彼此信息交流，互通有无，以利于对白皮书和云南民族调查资料做进一步的深入研究。

1. 云南彝族社会历史调查（彝族调查材料之一），1963年5月10日。

2. 四川及云南昭通地区彝族社会历史调查资料（彝族调查资料之二），1963年5月10日。

3. 云南小凉山彝族奴隶制社会历史调查（云南彝族调查资料之三）①，1977年9月。

4. 云南省白族社会历史调查报告（白族调查资料之一），1963年5月。

5. 云南省白族社会历史调查报告（白族调查资料之二），1963年2月。

6. 云南省哈尼族社会历史调查（哈尼族调查资料之一），1964年10月。

7. 西双版纳傣族社会经济史译丛（傣族调查材料之一），1958年5月。

8. 云南省西双版纳傣族自治州社会概况（傣族调查材料之二），1956年11月。

9. 云南省西双版纳傣族自治州社会概况（傣族调查材料之三），1956年11月。

10. 云南省西双版纳傣族自治州社会概况（傣族调查材料之四），1956年12月。

---

①此书的"前言"写道："《云南小凉山彝族奴隶制社会历史调查》资料，是中国科学院民族研究所云南民族调查组与云南省民族历史研究所民族研究室的同志在1962—1963年间调查的，并于1964年初整理成册，加以排版，因故未能付印。现为了编写《凉山彝族奴隶制》一书和研究凉山彝族社会历史的需要，对原稿略作修改，加以付印。"可以看出，虽然此书1977年才付诸印刷，但它属于云南民族调查资料白皮书的内容范畴。

11. 云南省西双版纳傣族自治州社会概况（傣族调查材料之五），1957年1月。

12. 云南省西双版纳傣族社会历史调查材料——西双版纳傣族史料译丛（六），1963年1月。

13. 云南省傣族社会历史调查材料——耿马地区（七），1963年1月。

14. 云南省傣族社会历史调查材料——德宏地区（八），1963年1月。

15. 云南省傣族社会历史调查材料——西双版纳地区（九），1964年10月。

16. 云南省傣族社会历史调查材料——孟连沧源和金平傣族地区（九），1963年1月。

17. 云南省德宏傣族景颇族自治州社会概况（傣族调查材料之一），1957年1月。

18. 云南省德宏傣族景颇族自治州社会概况（傣族调查材料之二），1957年1月。

19. 云南省怒江傈僳族自治州社会概况（傈僳、怒、勒墨族[①]调查材料之一），上册，1957年1月5日。

20. 云南省怒江傈僳族自治州社会概况（傈僳、怒、勒墨族调查材料之一），下册，1957年1月5日。

21. 云南省怒江傈僳族自治州社会概况（傈僳、怒族、独龙族调查材料之二），1956年12月至1957年6月贡山县四区独龙族社会经济调查报告，1958年1月。

22. 云南省怒江傈僳族自治州社会情况（傈僳、怒族、独龙族调查材料之三），1956年12月至1957年6月怒江傈僳族自治州的怒族社会经济调查报告，1958年3月。

---

①勒墨族即怒江地区的白族。——编者

23. 云南省怒江傈僳族自治州社会概况（傈僳、怒族、独龙族调查材料之四），1956年11月至1957年6月碧江县傈僳族社会经济调查总结报告，1958年3月。

24. 云南省怒江傈僳族自治州社会概况（傈僳、怒族、独龙族调查材料之五），1958年3月至6月泸水县傈僳族社会经济调查报告，1958年8月。

25. 云南省怒江傈僳族社会调查（调查材料之六），1964年2月。

26. 云南省沧源县佧佤族社会调查，1957年4月。

27. 1956年12月至1957年6月云南西盟卡瓦族社会经济调查总结报告（卡瓦族调查材料之一），1958年3月。

28. 云南省西盟卡瓦族社会经济调查报告（岳宋、中课、永广、翁戛科、龙坎调查材料之二），1956年12月至1957年6月，1958年3月。

29. 1956年12月至1957年6月云南西盟大马散卡瓦族社会经济调查报告（卡佤族调查材料之三），1958年3月。

30. 1958年3月至6月云南沧源卡佤族社会经济调查报告（卡佤族调查材料之四），1958年8月。

31. 云南耿马、孟连、双江佤族社会调查材料（佤族调查材料之五），1962年12月。

32. 云南佤族社会历史调查材料（佤族调查材料之六），1962年12月。

33. 云南佤族社会经济调查材料（佤族调查材料之七），1980年3月。

34. 云南省拉祜族社会历史调查资料（拉祜族调查材料之一），1963年5月。

35. 云南省拉祜族社会历史调查资料（拉祜族调查材料之二），1963年5月。

36. 云南省红河哈尼族彝族自治州金平县苦聪人社会经济调查之一（附：插满人社会经济调查），1963年7月。

37. 云南纳西族社会历史调查（纳西族调查材料之一），1963年10月。

38. 云南省宁蒗彝族自治县永宁纳西族社会及其母权制的调查报告（宁蒗县纳西族调查材料之一），1963年8月。

39. 云南省宁蒗彝族自治县永宁纳西族社会及其母权制的调查报告（宁蒗县纳西族调查材料之三），1964年12月。

40. 云南省宁蒗彝族自治县永宁纳西族社会及其母权制的调查报告（宁蒗县纳西族调查材料之四），1978年3月。

41. 云南省德宏傣族景颇族自治州社会概况（景颇族调查材料之一），1956年11月。

42. 云南省德宏傣族景颇族自治州社会概况（景颇族调查材料之二），1957年1月。

43. 云南省德宏傣族景颇族自治州社会概况（景颇族调查材料之三），1956年12月至1957年6月景颇族社会经济调查总结报告，1958年3月。

44. 云南省德宏傣族景颇族自治州社会概况（景颇族调查材料之四），1956年11月至1957年6月景颇族五个点调查综合报告，1958年3月。

45. 云南省德宏傣族景颇族自治州社会概况（景颇族调查材料之四），1956年11月至1957年6月景颇族五个点调查综合报告，附件（统计表19），1958年3月。

46. 云南省德宏傣族景颇族自治州社会概况（景颇族调查材料之四）（附件：艺术部分制图），1959年7月。

47. 云南省德宏傣族景颇族自治州社会概况（景颇族调查材料之五），1956年12月至1957年6月景颇族五个点（寨）分点调查报告，1958年3月。

48. 云南省德宏傣族景颇族自治州社会概况（景颇族调查材料之六），1958年3月至6月德宏傣族景颇族自治州景颇族三个点的社会经济调查报告，1958年8月。

49. 云南省德宏傣族景颇族自治州社会概况（景颇族调查材料之七），1963年5月。

50. 云南省德宏傣族景颇族自治州社会概况（景颇族调查材料之八），1963年5月。

51. 云南省德宏傣族景颇族自治州社会概况（景颇族调查材料之九），1963年5月。

52. 云南省德宏傣族景颇族自治州潞西县东山弄坵寨、西山弄丙寨景颇族调查报告（初稿），1957年3月。

53. 云南省布朗族社会历史调查材料（布朗族调查材料之一），1963年1月。

54. 云南省阿昌族社会历史调查材料（阿昌族调查资料之一），1963年5月。

55. 云南省崩龙族①社会历史调查报告（崩龙族调查材料之一），1963年7月。

56. 云南省独龙族历史资料汇编，1964年2月。

57. 云南省贡山县怒族独龙族社会调查②，1979年6月。

58. 云南省怒江独龙族（调查材料之七），1964年12月。

---

①崩龙族是德昂族的旧称。为保持原貌不作改动。后文不再一一说明。——编者

②本册内容前有“整理者的话”：“这份资料包括两篇，一篇是《贡山县第一区怒族社会调查》，另一篇是《贡山县第四区独龙族社会调查资料》。第一篇怒族资料搜集于1957年3月中旬到4月底。当时本想到第四区调查独龙族，正值高黎贡山雪封山，无法进入独龙江，在贡山县委帮助下，临时安排到贡山一区调查怒族。这些零散的资料就是在当时走访怒江两岸的一些怒族村落时搜集的，这些资料对了解解放初的贡山一区怒族社会还有一点帮助，现加以整理付印。第四区独龙族调查资料已于1957年底整理过，并于1958年印过。但当时有些资料并未整理进去，这次对一些遗漏资料进行了补充整理，希望弥补一点过去调查和整理工作中的缺陷。”有鉴于此，笔者将其列入云南民族调查资料白皮书的范畴。

以上58种云南民族调查资料白皮书，涉及云南25个少数民族中的14个，即彝、白、哈尼、傣、傈僳、佤、拉祜、纳西族、景颇、布朗、阿昌、德昂、怒、独龙等民族。其他11个少数民族没有涉及，原因和可能性有3个方面。

第一，当时进行的少数民族社会历史调查主要是为撰写各少数民族简史简志提供资料，具体分工的方法是：一个民族同时分布在若干省区，由该民族人数最多的省区负责撰写，其他省区负责该民族的社会历史调查，并把调查资料提供给承担撰写任务的省区。云南配合贵州、广西等省区撰写任务进行调查的少数民族共有8个，即蒙古、回、藏、苗、壮、布依、瑶、水等民族。

第二，普米、满和基诺3个民族的识别和确定为单一民族的时间较晚。普米族在1961年被确定为单一民族，而基诺族直到1979年才被确定为单一民族。当时普米和满两个民族的调查资料已经初步整理，但未被列入白皮书，而基诺族尚被称为攸乐人，其调查资料则被列入彝族的内容范畴。

第三，某些民族的调查资料也许已收入白皮书，只是笔者尚未见到。

1956年开始的全国少数民族社会历史调查，在1966年“文化大革命”开始之前基本结束。而云南自新中国成立以后的民族调查，还应该包括以下几项：（1）中共云南省委边疆工作委员会的调查；（2）云南省民族事务委员会的调查；（3）云南省民族工作队的调查；（4）中央访问团第二分团的访问调查；（5）云南民族识别研究组的调查；（6）云南民族语言识别组的调查。

云南民族调查资料白皮书收录的大多是全国少数民族社会历史调查中的云南民族调查资料，时间范畴为1956—1965年，同时也收录了上述6项调查的资料，如《云南省德宏傣族景颇族自治州社会概况（傣族调查材料之一）》云南少数民族社会历史调查组的“前言”云：

中央访问团第二分团、中共云南省委边疆工作委员会、云南省民族事务委员会、各地、县委、各民族工作队及其他部门工作干部，几年来对云南各少数民族地区的社会经济情况曾进行了许多调查工作，搜集了大量资料，这些资料是此次调查研究的基础。现特委托中共云南省委边疆工作委员会研究室、云南省民族事务委员会负责，我组参加其工作，将上项资料分别整理编辑；全国人民代表大会民族委员会，并指定我组负责刊印出来，以供我组作为调查研究的基础材料及各有关部门和民族工作的参考。

该书的“编辑说明”又云：

本辑分上、下两编。上编为1950年中央访问团第二分团关于保山区的访问资料，摘印有关傣族的一部分。下编为1952年云南省民族工作队到德宏地区，中共保山边疆临时工作委员会调研组即当地党委共同调查的一些资料。全部调查时间为1950年8月至1953年8月，其中又可分为两阶段，即1950年8月至1951年2月为第一阶段，即中央访问团的调查时间；1952年8月至1953年8月为第二阶段，即当地党委及工作队的调查时间。

《云南省西双版纳傣族自治州社会概况（傣族调查材料之四）》“编者说明”讲述了自1954年9月至1955年4月近8个月的傣族调查工作情况：

在解放几年来的民族工作基础上，在一年多社会经济调查工作的基础上，1954年9、10月间，中共云南省委边委、省委宣传部与省府民委先后派去工作组，会同思茅地委联络组与西双版纳工委调研组，并选拔当地傣族干部20余人，共同组成近70人的调查工作队，展开了景洪、勐海、勐遮、勐腊、勐捧5个版纳的傣族社会调查工作。到12月中旬告一段落，进行汇报和初步总结。经过几天学习，又分赴其余6个版纳进行全面调查（12个版纳中，曼敦是布朗和其他少数民族的聚居区，未进行调查）；另外组织一个翻译组，在景洪收集和翻译傣族历史文献。到1955年4月结束，全部时间将近8个月。共调查了11个版纳、28个勐、662寨、20992户、109883人的傣族地区，占西双版纳傣族总人口的比重将近90%。前后积累了百多万字的资料（包括翻译部分），和以勐为单位及全面综合的各项基本数字统计表若干份，村寨、民族分布图若干份。

《云南省宁蒗彝族自治县永宁纳西族社会及其母权制的调查报告（宁蒗县纳西族调查材料之一）》的“几点说明”讲述了进行民族调查的两个原因：

为了搜集纳西族简史简志编写及拍摄宁蒗县永宁纳西族母权制科学纪录片所需的资料，我们在1960年9月底至11月初，于宁蒗县永宁纳西族地区进行了社会经济、政治和婚姻制度的调查。调查点主要是忠实生产大队（原忠实乡）的忠克、忠实、达坡、巴奇、亥吉古、尤梅奥和扎石等自然村。

《云南省红河哈尼族彝族自治州金平县苦聪人社会经济调

查》（之一）（附：插满人社会经济调查）的“编者说明”也讲述了两个原因：

> 本册所编入的苦聪人调查材料，是于1959年为拍摄（苦聪人）社会科学纪录影片和1960年为配合民族识别而先后搜集的。

1957年4月，全国人大民委办公室在《云南省沧源县佧佤族社会调查》白皮书的“前言”中写道：

> 本室于1956年4月间，派了一个调查组到云南省沧源县佧佤族地区进行社会调查，与云南省委边委、临沧地委调查组同志们共同调查了该县央冷、央让两个部落佧佤族社会情况，另由临沧地委调查组单独调查了班洪、岩帅两个区佧佤族社会情况，现将选择其中有代表性的部分材料整理编印。
>
> 因调查组在下面调查的时间较短（约一个月），所调查的材料是有限的，加上对材料缺乏分析研究，因此只是以一种素材形式，把一些情况反映出来，仅供工作上的参考。

这个“前言”向我们透露出一个重要的信息：全国人大民委派调查组对沧源县佤族进行调查的时间在全国少数民族社会历史调查开始之前。

全国少数民族社会历史调查工作开始于1956年，由毛主席提出、彭真组织、全国人大民族委员会主持。1956年4月19日，全国人大民委提出了《关于在少数民族地区进行各民族社会历史情况的调查研究工作的初步规划》。1956年7月25日，刘格平、谢扶民上报了1956年派出少数民族社会历史调查组的报告：

少数民族社会历史情况调查干部53人（包括一部分专家）现已准备就绪，拟于7月底8月初分别由京出发，去各地进行调查。今年调查重点为云南、四川，其他地区只分配少数人去，甘肃和青海今年不能派人去。

1956年8月2日，中央批准了该报告。另据《少数民族社会历史调查工作综合简报》第一号：

这次总共派出了8个调查组，分赴四川、云南、贵州（连同湖南）、广西、广东、内蒙古（连同东北）、新疆和西藏。各调查组于8月上旬至9月中旬先后到达工作地区的省或自治区。

在全国少数民族社会历史调查正式开始之前的1955年春天：

根据彭真的意见，全国人大民委当年就派出分赴云南傣族、景颇族，四川彝族和新疆维吾尔族地区进行调查的几个调查组。当时一些民族地区面临着如何进行民主改革的问题，因此那次着重在社会经济结构方面做了调查。第一次调查工作进行了几个月，在调查研究的基础上，同云南省委共同研究，提出在保持着领主制（土司制）的傣族地区进行和平协商土地改革的意见和具体方案，并且进行了成功的试点，得到中央的肯定和批准。那时还提出了关于在保持着某些原始公社制残余的景颇、佤、傈僳等民族地区，不把民主改革作为一个阶段，在国家的支持和帮助下大力发展经济文化事业，通过互助组、合作社，逐步解决山官、头人某些特权和开始出现的少量剥削，直接向社会主义过渡。这种做法也得到中央的肯定。[①]

1955年对云南的调查，全国人大民委办公室编印有《云南省德宏傣族景颇族自治区（州）潞西县景颇族社会调查》（1956年3月）和《云南省德宏傣族景颇族自治（州）傣族地区和平协商土地改革文件汇编》（1956年3月）等书，1956年上半年对云南的调查材料，部分可以在云南民族调查资料白皮书中找到。1955年至1956年上半年全国人大民委调查组对云南傣族、景颇族、佤族等地区的调查，为1956年下半年开始的全国少数民族社会历史调查奠定了基础，也可以说是全国少数民族社会历史调查全面铺开的前奏。调查组撰写的调查报告，也成为后来各少数民族社会历史调查报告编写的范本。

当然，可能由于时间仓促、调查者文化背景差异、语言翻译、云南话发音等方面的原因，白皮书也存在一些问题，如《云南省西双版纳傣族自治州社会概况》（傣族调查材料之五，全国人民代表大会民族委员会办公室编，1957年1月）"编者说明"介绍：

> 本辑刊印1954年10月至1955年4月在勐景洪调查的全部材料，和调查工作队全面布置的几个调查提纲。
>
> 材料计分三部分：一为各个等级典型寨调查，二为各个等级的综合，三为前面综合。都还没有整理刊印过。附印几个调查提纲供参考。

但这本白皮书并没有收录任何调查提纲在内。

再如人名、地名等专有名词的写法五花八门，比较混乱，

① 底润昆、张正明：《彭真同志与全国少数民族社会历史调查》，《缅怀彭真》，中央文献出版社1998年版。

仅举几个参与调查者的名字为例：杨耕笠又作杨根笠，岩麦坎又作岩卖坎、岩妹坎，李义湛又作李玉湛，岩叫又作岩教，钱良芬又作钱良劳，岩棒又作岩捧，刀平强又作刀平祥，王正和又作王振和，蔡海宝又作朝海宝，齐老大又作祁老大，温明虎又作温眉虎，赵嘉庆[①]又作赵家庆，等等。我们并不知道这些人名的准确写法，要将其完全弄清楚凭借一己之力也是无法完成的。

三、云南民族调查资料白皮书的价值

根据目前已阅读云南民族调查资料白皮书的情况，并和云南民族调查手稿及后来公开出版的《民族问题五种丛书》之五“中国少数民族社会历史调查资料丛刊”中的云南部分进行对照，简而言之，云南民族调查资料白皮书的价值主要体现在以下4个方面。

第一，“中国少数民族社会历史调查资料丛刊”并没有全部收录云南民族调查资料白皮书的内容。

1978年中共十一届三中全会以后，中央决定将原来的民族问题“三种丛书”扩大为“五种丛书”，增加了“少数民族语言简志丛书”和“中国少数民族社会历史调查资料丛刊”。“中国少数民族社会历史调查资料丛刊”云南部分共计73本，20世纪80年代由云南人民出版社（43本）和云南民族出版社（30本）出版，占了“中国少数民族社会历史调查资料丛刊”总册数的一半以上。国家民委民族问题五种丛书修订本2009年由民族出版社出版，其中《崩龙族社会历史调查》不再单独出版，加上1990年出版的《基诺族普米族社会历史综合调查》，云南部分仍为73本。

将白皮书和“中国少数民族社会历史调查资料丛刊”进行对

① 2016年9月23日，赵瑛（傣族）教授打电话告诉笔者，她父亲名字正确的写法为“赵嘉庆”。

照阅读，得知前者的内容并没有被后者全部收录。仅举一例：中国科学院民族研究所云南少数民族社会历史调查组、云南省少数民族社会历史研究所办公室在《四川及云南昭通地区彝族社会历史调查资料》（彝族调查资料之二，1963年5月10日）白皮书的“说明”中写道：

> 因为编写《彝族简史》的需要，中国科学院民族研究所云南省少数民族社会历史调查组与云南省少数民族社会历史研究所于1960年2月至5月，至四川凉山彝族自治州和西昌地区以及羌族地区进行了调查。此次调查中，以云南大学历史系方国瑜教授为首的20多位师生，也作为调查组的成员参加了工作。本资料就是以此次调查的一部分专题材料为主，包括云南昭通地区毗连四川凉山的有关部分调查而成的。

《四川及云南昭通地区彝族社会历史调查资料》白皮书共收录四川、云南有关彝族的调查16篇。20世纪80年代，在出版国家民委民族问题五种丛书之一“中国少数民族社会历史调查资料丛刊”时，云南省编辑组编辑了一本《四川广西云南彝族社会历史调查》[①]，但未收录任何一篇该白皮书中的调查资料。[②]

第二，云南民族调查资料白皮书主要来自当年的调查手稿，但手稿大多已不在，白皮书就成为当时调查最真实的记录。

目前，我们已阅读万余份尚未系统整理和公开出版的云南民

①云南省编辑组：国家民委民族问题五种丛书之一“中国少数民族社会历史调查资料丛刊”《四川广西云南彝族社会历史调查》，云南人民出版社1987年版。

②《四川及云南昭通地区彝族社会历史调查资料》白皮书中有关巧家县车坪和永善县兴隆等地彝族的两篇调查报告，被收录在“中国少数民族社会历史调查资料丛刊”《云南彝族社会历史调查》一书中，云南人民出版社1986年版。

族调查资料，大多为复写本、刻印本、油印本和抄本，表明这些资料并非孤本，其中部分曾经内部印刷，部分已经编入云南民族调查资料白皮书或“中国少数民族社会历史调查资料丛刊”。例如，《思茅玉溪红河傣族社会历史调查》编者指出：“本集共收集孟连傣族历史文献译文、社会调查资料及景谷、元江、新平、金平、红河各县调查材料共十七篇，其中八篇曾由中国科学院民族研究所云南民族调查组、云南省民族研究所以内部资料形式铅印过。”[①]《傣族社会历史调查》（西双版纳之十）编者指出，本集收入的资料中，“《勐海县勐混区曼蚌乡傣族农村公社和家族组织调查》一文，曾见于云南省历史研究所的内刊”[②]。《傣族社会历史调查》（西双版纳之三）编者指出：“本集收入的译稿，都是1954年至1955年间收集的有关西双版纳宣慰使司和各勐的史料，大部分在五十年代作内部资料刊印过。《傣族宣慰使司地方志》是傅懋勣教授和刀忠强同志在1953年翻译的，我们根据中共西双版纳州委档案科和省历史研究所的复写本和油印本，选用了其中几节。《防火的通告》《宣慰使侍卫轮流执勤牌》等五篇，均选自省历史研究所的手抄稿，没有译者署名，只在卷内目录‘调查写作年月’栏中注明‘1954年’。这些稿件均请当年西双版纳傣族社会联合调查组翻译小组主持工作的刀国栋同志过目，认定确系这个小组的翻译稿。”[③]《傣族社会历史调查》（西双版纳之六）编者指出：“本集共收入十二篇调查资料，其中《勐

①云南省编辑组：国家民委民族问题五种丛书之一“中国少数民族社会历史调查资料丛刊”《思茅玉溪红河傣族社会历史调查·后记》，云南人民出版社1985年版。

②云南省编辑组：国家民委民族问题五种丛书之一“中国少数民族社会历史调查资料丛刊”《傣族社会历史调查·西双版纳之十·后记》，云南民族出版社1987年版。

③《民族问题五种丛书》云南省编辑委员会编：“中国少数民族社会历史调查资料丛刊”《傣族社会历史调查·西双版纳之三·后记》，云南民族出版社1983年版。

遮傣族社会经济情况调查》和《勐遮傣族农民内部的封建等级调查》两篇，在六十年代初期作为内部资料铅印过。其余各篇原件，除了《版纳勐遮景真傣族社会历史情况调查》存中共西双版纳傣族自治州州委档案室外，均存省历史研究所。”[①]《傣族社会历史调查》（西双版纳之七）编者指出：“本集收入了景糯、勐很、勐旺、景董以及象明的调查资料共十四篇。收入的这些资料原件，除《景糯傣族社会经济情况调查》《勐旺傣族社会经济调查补充材料》《勐旺曼练景寨调查》《勐旺曼扫寨调查》存中共西双版纳傣族自治州州委档案科外，其他各件均存省历史研究所。”[②]《傣族社会历史调查》（西双版纳之八）编者指出：“本集收入勐罕、勐笼、勐养和勐景哈、勐宽等五个勐的调查资料十二篇。……除上述外，其余各篇五十年代的油印本，原件存省历史研究所。”[③]仅仅要弄清楚这些原件现今是否还存世？其中哪些作为内部资料刊印过？哪些曾收入云南民族调查资料白皮书？哪些已收入“中国少数民族社会历史调查资料丛刊”？都进行了哪些删节和修改？都不是一件简单容易的事情。

第三，“中国少数民族社会历史调查资料丛刊”遗漏了太多云南民族调查资料白皮书原有的信息。

云南民族调查资料白皮书大多有“前言”或“编后记”，如1958年2月13日全国人民代表大会民族委员会云南民族调查组、云南民族研究所《1956年12月至1957年6月云南西盟卡佤族社会经济

①《民族问题五种丛书》云南省编辑委员会编：“中国少数民族社会历史调查资料丛刊”《傣族社会历史调查·西双版纳之六·后记》，云南民族出版社1984年版。

②云南省编辑组：国家民委民族问题五种丛书之一“中国少数民族社会历史调查资料丛刊”《傣族社会历史调查·西双版纳之七·后记》，云南民族出版社1985年版。

③云南省编辑组：国家民委民族问题五种丛书之一“中国少数民族社会历史调查资料丛刊”《傣族社会历史调查·西双版纳之八·后记》，云南民族出版社1985年版。

调查总结报告》（卡佤族调查材料之一，全国人民代表大会民族委员会办公室编，1958年3月）白皮书的“编辑前言”：

自1956年12月至1957年6月，我组、所3个田野调查组分别调查了德宏州南部景颇族6个点，西盟县卡佤族6个点，碧江县傈僳族2个点，贡山县四区独龙族3个点，碧江、福贡、贡山三县怒族3个点。在过去调查的基础上，进一步调查研究了这五族地区的生产力、生产关系、阶级分化、政治及家族制度、意识形态及生活习惯和社会主义改造中的问题。但我组、所初创之际，全部干部都是生手，受过资产阶级社会学、民族学一定的影响，几次批判又软弱无力；尤其对马列主义学习不深，不善于正确地进行阶级分析，特别是对过渡时期两条道路斗争的认识不明确，因此五族调查材料在目前社会主义改造与生产大跃进两个高潮中不能够全部说明问题，就是阶级分化与社会主义改造中的矛盾问题，组、所内干部意见也不一致，尚不能得出准确结论。

上述五族调查，原始材料164万字，景颇族社会、经济、政治、意识形态及历史的专题材料38万字，五族各点的综合材料50万字，卡瓦与景颇两族面的综合材料51万字，五族5个总结材料共30万字。另收集文物193件，摄拍照片900张，可供研究参考。

办公室编印资料150万字，这是研究边疆各民族社会经济的基础。争取文史馆、参事室及云大教师多人协助，抄录明清两代云南及东南亚民族史料400余万字，翻译外文著作中的云南及东南亚民族资料120万字，对于明清以来各民族历史关系研究有参考价值。

五族田野调查材料及总结材料，尚须较长时间修改才能付印。就是五族5个总结材料，合计亦达30万字，不便领导同志看阅。为便于领导同志在百忙中以短时间看阅我组、所调查研究情况，特将五族调查材料各写成2000—4000字的总结提要。

该书的“编后记”除了告诉我们该书的编辑者是云南少数民族社会历史调查组、云南省少数民族社会历史研究所，校阅者是张凤岐以外，还讲述了此次调查的基本情况：

1956年12月至1957年6月，我组在西盟佤族自治县对马散、永广、中课、翁戛科、岳宋等5个佤族寨子进行了重点调查，并对该县其他少数民族（拉祜族、傈僳族、“罗缅”）进行了某些调查。我们的调查是在过去调查材料的基础上进行的，过去的材料给我们的帮助和启发。

在调查过程中，是在思茅地委会、澜沧边工委会、西盟工委会和西盟瓦族自治县筹委会以及西盟各区委会的具体领导和帮助下进行的，并得到当地驻军的大力协助。

由于我组同志多是初次参加调查工作，缺乏农村工作经验，理论水平不高，因而我们的调查是很肤浅的、不全面的。有些材料还须复查，有些论点还值得商榷。

云南民族调查组第一分组

1957年12月　昆明

《1956年12月至1957年6月云南西盟大马散卡佤族社会经济调查报告》（卡佤族调查材料之三）（全国人民代表大会民族委员会办公室编，1958年3月）白皮书除了“前言”以外，还有“编者说明”和“编后记”。全国人民代表大会民族委员会云南少数民族社会历史调查组、云南省少数民族社会历史研究所撰写的“编者说明”主要讲述了此次调查的时间、地点和内容：

全国人民代表大会民族委员会云南少数民族社会历史调查第一分组于1956年11月至1957年7月，到云南西盟卡瓦族自治县（筹备委员会）在卡瓦族的6个点（大马散、岳宋、永广、中课、翁戞科、龙坎）进行了社会经济和历史的调查工作。大马散是分组的调查重点，在这里调查历7个多月之久，写成了这个调查报告。

本册包括大马散寨卡瓦族的概况，经济［包括农业（生产力：生产工具、生产技术、劳动力的使用、产量。生产关系：生产资料占有、劳动组织与分工、合种、土地买卖、雇工、债务、蓄奴），手工业及副业，商业］、社会历史（历史、政治、军事、物质生活、家庭、婚丧、宗教、科学文艺、文教卫生）和大马散农业生产合作社情况。第一分组试图在几年来地、县委调查的基础上，进一步调查研究了大马散卡瓦族的生产力、生产关系、阶级分化、政治及家族制度、意识形态及生活习惯和社会主义改造的问题。大马散是西盟卡瓦族的腹心地区，比较保留本民族的固有特点较多些，代表面较宽；所以，在这里进行实地调查，就能了解西盟腹心地区卡瓦族的特点。

自从1957年冬至1958年春省委提出苦战三年改变我省的面貌以来，西盟大马散卡瓦族与全省各族人民一样，掀起了生产大跃进和合作化大跃进的高潮，两个高潮互相推动，使大马散卡瓦族起了亘古未有的大变化，如猎头之俗已在大跃进中停止；许多落后习惯已完全改变。本调查报告由于调查时间的限制性，有些卡瓦族在前进中所存在的矛盾和问题，在1956—1957年夏调查时还没有暴露出来，或尚未发现。因此，当时调查研究的认识与今天卡瓦族大跃进中生动活泼的局面，或有不全面不深透之处。但作为了解大马散卡瓦族生产和合作化大跃进以前的实际情况，仍然有参考价值，特刊印出来，以供各方研究之助。

"编后记"则提供了整理者的分工情况：

我组在马散调查中得到中共西盟工委会、西盟佤族自治县筹委会及马散区委会的大力帮助，区上的同志们更提供了许多材料，特此致谢！本报告的整理者是：顾宗振同志负责"概况""生产资料占有""劳动组织与分工""合种"；杨炳炎同志负责"生产力""手工业及副业""文教卫生"；沈琼英同志负责"土地买卖""雇工""大马散农业生产合作社情况"；李仰松同志负责"债务""物质生活"；黄宝璠同志负责"蓄奴""商业"；徐志远同志负责"历史""军事""姓氏与父子连名制度""科学文艺"；傅愫斐同志负责"政治""家庭""婚丧""宗教"。

云南民族调查组第一分组

1957年12月　昆明

国家民委民族问题五种丛书云南省编辑委员会编的《佤族社会历史调查（一）》[①]，将该书的标题改成了《西盟大马散佤族社会经济调查报告》，删去了《1956年12月至1957年6月云南西盟大马散卡瓦族社会经济调查报告》白皮书中的"前言""编者

①《民族问题五种丛书》云南省编辑委员会编："中国少数民族社会历史调查资料丛刊"《佤族社会历史调查（一）》，云南人民出版社1983年版。

说明”“编后记”。

云南民族调查资料白皮书的“前言”“编辑前言”“说明”“编辑说明”“编后记”为我们提供了丰富和宝贵的信息，但在公开出版“中国少数民族社会历史调查资料丛刊”时大多被删去，留下了太多的缺憾，其中部分也许已无法弥补。

第四，“中国少数民族社会历史调查资料丛刊”几乎对所有收录白皮书的内容进行了修改或删节。仅举《云南民族情况汇集草稿》（以下简称《草稿》）为例。

《草稿》编印于1951年，当民族问题“三种丛书”扩展为“五种丛书”时，部分《草稿》被编入“中国少数民族社会历史调查资料丛刊”，名称为《中央访问团第二分团云南民族情况汇集》（以下简称《汇集》），分上、下两册，由云南民族出版社1986年出版。

《草稿》是中央访问团第二分团最为重要的成果之一，但散失情况严重。经过数年的搜集和寻访，我们从全国各地的档案馆、图书馆、网上书店和私人藏家手中终于查到《云南民族情况汇集草稿》原件共78册。将《草稿》与《汇集》进行比对，发现《汇集》编者对《草稿》动了较大的“手术”，主要有以下几个方面。

1. 未收录或部分收录：《汇集》没有收录的《草稿》有5册，对其他部分《草稿》的内容仅做删节收录。

2. 掐头：每册《草稿》都有封面和“编者声明”，封面上标有“云南民族情况汇集草稿”“××区材（资）料之×”“中央访问团第二分团”“内部参考文件”或“密”字样以及篇名、出版年月等各种信息，《汇集》将其和“编者声明”、目录等一并删除。

3. 去尾：《中央访问团的任务、工作方法和守则》[1]规定中央访问团的任务有两条，其中之一是“对西南各兄弟民族之政治、经济、文化情况、民族关系、群众要求以及当前民族政策的执行情形，有重点地进行调查研究，并搜集有关资料”，《汇集》将《草稿》中关于民族关系、群众要求和民族政策执行情形等方面的内容（放在各篇访问调查报告的后半部分）大多删去，对其他方面的内容也部分删除，对此《汇集》编者的解释是：“编辑过程中，以不失历史资料为前提，对各篇作了必要的删节或摘要，均不一一注明”。［《汇集》（上）“后记”］

4. 换名：大部分《草稿》的标题被重新命名。

5. 肢解：一册《草稿》被分成2个、3个甚至4个材料并分别加上标题后放入《汇集》之中。

6. 重组：颠倒《草稿》原文的内容次序重新组合。

7. 改写：全部《草稿》的内容均被改写或改编。

8. 添加：《汇集》编者人为加入了“内容”或自己的主观臆断。

1951年2月17日，中央访问团第二分团副团长王连芳召集会议，布置整理访问材料的工作及具体要求。中央访问团第二分团成员宋伯胤在当天的日记中写道：

> 至于整理材料的具体要求，有4点：
>
> （一）整理材料是一个材料汇集的过程，我们所要做的事情就是将材料汇集起来，不是系统地编成文件；
>
> （二）有文必录。即使同一个问题，有两种说法，也要录进去；
>
> （三）原则上无大问题；

①《中央访问团团员手册》，1950年。

（四）文字略通顺。[①]

《宋伯胤文集·民族调查卷》一书收录了他自己11篇《草稿》中的文章，但在每篇文章的末尾都注明有“原载云南省编辑组：《中央访问团第二分团云南民族情况汇集》，云南民族出版社，1986年”字样，也就是说，该书的编者并没有对照《草稿》原文，而是沿用了没有按照“材料汇集”“有文必录”原则进行编辑的《汇集》文本。如果以后有人引用该书，那使用的资料也就不可能是《草稿》原貌了。

2003年9月，民族出版社上报重修、再版《民族问题五种丛书》的设想和方案给国家民委，2005年7月报经国务院批准，修订再版工作全面启动。“‘中国少数民族社会历史调查资料丛刊’的修订，主要是尊重史实，修正错误，增加注释。”[②]《民族问题五种丛书》云南省编辑委员会在“中国少数民族社会历史调查资料丛刊”（修订本）云南部分的“出版说明”中说：“‘丛刊’是研究民族历史、民族学等学科的综合性调查资料汇编。我们这次编选基本上以过去调查整理稿为基础，以便保证调查资料的客观性。在具体编选时，则以具有科学研究价值作为选编资料的标准。在时间上以反映各民族民主改革前社会面貌的资料为主。根据调查资料的价值大小，采取全录或节录。”可能是由于修订原则的约束，抑或修订者根本没有查找原文，因而在2009年民族出版社出版的修订本中，虽然强调此次修订再版的主要工作是“订正错误”，但将《草稿》原文与之对比来看，《汇集》中的错误显然没有得到“订正”，这种情况严重地影响了作为文献史料的真实性和准确性。我们非常赞同“尊重史实”的修订原则，但仅

①《宋伯胤文集·民族调查卷》，文物出版社2012年版，第219页。

②李德洙：《国家民委“民族问题五种丛书”修订再版总序》，2007年8月。

就《草稿》而言，现今人们尊重的并不是其原文的“史实”，而是经过《汇集》编者改编、改写后的“史实”。

遭遇了《汇集》编者大刀阔斧的“手术”，《草稿》已经变得“面目全非”。但可以肯定的是，经过了彻头彻尾的改编以后，《汇集》中的诸多问题也许瑕不掩瑜，但它无论对于云南民族调查资料真实性和完整性的保存和留传来说，还是对于后人参考和进行学术研究而言，都不失为一种“硬伤”。

（申旭，云南省社会科学院历史、文献研究所研究员）

片马事件及其影响再研究[①]

曾黎梅

清宣统二年（1910年），在中国西南边地一隅，发生了一次英军侵占片马的“边疆危机”。这个在清廷要员及外务部眼中“不值以一隅而妨全局，未便竞小利而堕诡谋”[②]的片马，在国内掀起了舆论的巨浪，直接威胁到清政府的统治，成为推动国内革命的重要事件，被后人称为“片马事件”。目前，对片马事件的研究已经取得了丰硕的成果，相关的著述和论文较为丰富，档

①本文为杜娟研究员主持的云南省省院合作重大项目“云南边境重大历史事件及其影响研究”的阶段性成果。

②云南省历史研究所编：《清实录：有关云南史料汇编》（卷四），云南人民出版社1986年版，第828页。

案、资料也被汇集出版。[①]但对于片马事件的研究，基础的问题仍然有值得进一步探讨的空间。其一，片马究系何地？其二，西南边疆一隅之地的危机何以会成为轰动全国的边疆危机？其三，发生在1910年的片马事件给清末民初的中国带来了怎样的影响？

一、片马究系何地？

片马事件发生前后，对于片马处何方、为何地，国人并不清楚。因“国人于边事素未研求，故于片马之在何地，形势若何，关系若何，皆茫然无所闻知”[②]。若非英兵占据，甚至滇人亦“尚不知有片马之一名词”。对此，童振藻分析，“盖从未耳片马之名，妄能识片马位置之所在，即滇省旧图注此地名者，亦甚寥寥。一则因地太偏僻，二则片马载于滇省古志乘者，仅于《通志》中见之”[③]。不独片马，甚至对于整个滇西北区域，清政府也同样所知无多。在“大清帝国”的地图中，滇西北区域的地理信

①其中专文研究片马事件的如谢本书：《片马问题研究》，《云南省历史研究所成立三十周年专辑》，1985年版；王丹整理：《片马问题调查报告》，云南省社会科学院历史研究所编《云南现代史料丛刊（第六辑）》，1986年版；谢本书：《片马问题的考察与研究》，李国强、方铁主编：《中国边疆研究通报（二集·云南专号）》，新疆人民出版社1998年版；谢本书：《从片马事件到班洪事件——中缅边界历史沿革问题》，《云南社会科学》2000年第4期；张子建：《“片马事件”研究回顾》，《云南民族大学学报》（哲学社会科学版）2004年第4期；朱昭华：《清末片马事件的发生及其影响》，《史学月刊》2005年第12期；张子建：《关于“片马事件”的研究》，《云南民族大学学报》（哲学社会科学版）2008年第5期；等等。此外，一些论著对“片马事件”也进行了研究，主要有朱昭华：《中缅边界问题研究》，黑龙江教育出版社2013年版；吕一燃主编：《中国近代边界史》（下），四川人民出版社2007年版，等等。资料集方面主要有马玉华主编：《中国边疆研究文库初编·西南边疆》（第四卷），黑龙江教育出版社2012年版；怒江傈僳族自治州文化局编：《片马历史资料》，云南人民出版社1989年版，等。

②约瓮：《备忘录·片马问题》，《教育杂志》1911年第2期。

③童振藻：《片马小志》，马玉华主编《中国边疆研究文库初编·西南边疆》（第四卷），黑龙江教育出版社2012年版，第115页。

息、行政设置情况等方面几近空白，仅标注有六库、老窝等少数几个地名。

在片马事件发生前，这一地区并未得到国人的关注和重视，即便是在英军入侵的初期，也是如此。对于片马的地理位置，最初也是众说纷纭，或谓云南边境与英属缅甸接壤之地，或谓云南边界与西藏交通之地，或谓其地在北纬26°、东经98° 35′之间。《申报》记者还推测"其地必在天马、耿马之间，如吉林之间岛，如新疆之帕米尔地，为我之旧地而彼特肇锡以新名者，借惝恍不定之地名为永久据占之起点"[①]。

事实上，尽管对片马事件的研究已经取得较为丰硕的研究成果，但是对于片马的历史地理位置及范围仍然含混不清，对片马事件地域范围的界定还是存在不同说法。谢本书先生曾指出，"片马的地域范围在历史上不是固定不变的，有时甚至很模糊"[②]。笔者将不同历史时期对于片马地域范围的相关史料进行了分析对比，认为从"片马"地域范围的"发展"过程来看，对"片马"的解释应包括两层含义。

第一，作为地名的"片马"本身的范围和界定。清末，保山闵德修在《片马紧要记》中记载，片马是登埂土司所辖，"乃茶山九寨之一"，茶山九寨包括上片马、下片马、鱼洞、王克河、岗房、古浪、大帕地河、小帕地河、吴宗河、吴娄、暑约河。[③]可见，闵氏的调查对片马的地理范围并不明确，仅知为茶山九寨之一。李根源一行绘制的《滇西兵要界务图》对上、下片马进行了介绍，同时又注明"片马五寨亦在辖境"[④]，但未标明为哪五寨。

①《片马说》，《申报》，辛亥正月十四日。

②谢本书：《片马问题的考察与研究》，李国强、方铁主编《中国边疆研究通报》（二集·云南专号），新疆人民出版社1998年版，第90页。

③闵德修：《片马紧要记》，怒江傈僳族自治州文化局编《片马历史资料》，云南人民出版社1989年版，第17页。

④《滇西兵要界务图》，1911年石印本。

20世纪30年代尹明德在考察滇西后，对片马的范围有了更为详细的界定："片马大小共七寨，即王克河、新寨、下片马、中寨、上寨、上片马、烧瓦片是也！"①上述所引资料，为片马事件发生前后，经过实地调查而来，因此较为可信。李根源、尹明德等人从片马地方范围进行的调查，对于片马的解释相对明确，应仅为对片马一地的解说。

尽管经过多次考察，但对于片马的具体范围还是不明确。一方面，中国长期实行藩属制度，并无明确的边界观念，而在边疆地区又长期施行羁縻治理，因此并没有严格的行政管辖范围；另一方面，滇西北边地地广人稀，村寨的兴建和形成也较为容易和频繁，往往几户人家就可以组建一个村寨，这大概也是出现"片马五寨"和"片马七寨"的原因之一。1936年，经过考证，童振藻界定了片马的详细位置，认为"片马在吾国云南西鄙高黎贡山之西，小江之流王克河之东，当吾国西经十八度七分，英国东经九十八度四十五分，北纬二十六度八分"②。此后，这一界定为诸多学者采用。但这一对片马地理位置的界定，并不能包含全部涉及片马事件的地域范围，而应只是对作为"片马"这一地名的界定。从时人的实地调查可知，作为地名的"片马"应为李根源早期调查记录的"片马五寨"或20世纪30年代尹明德所调查的"片马七寨"，即王克河、新寨、下片马、中寨、上寨、上片马、烧瓦片，抑或是童振藻所考证的范围。尽管有所差别，仍可知片马所涵括的大致地理范围。

第二，作为"片马事件"所延伸、涵括的范围。从事件本身而言，1900年英军数百人烧杀侵入滚马、茨竹、派赖等村寨，土守备左孝臣率兵抗击，牺牲80余人，左孝臣身中八弹，为国捐

①尹明德：《云南北界勘察记》，台湾文海出版社1970年版，第195页。
②童振藻：《片马小志》，马玉华主编《中国边疆文库初编·西南边疆》（第四卷），黑龙江教育出版社2013年版，第116页。

躯。1910年底，英军派兵2000余人，再度侵入滇西，并于1911年1月4日占领片马。此后，由于国内舆论的重视，片马事件为国人所熟知，由于同在小江流域，又为邻近村寨，尽管时间仅相距10年，英国侵占茨竹、派赖的事件与英国侵占片马，常常被混为同一重大事件。①由于片马事件在国内所产生的影响，国人都知有片马，但不知片马具体包括哪些地方，因此将茨竹、派赖一并归并到片马事件中亦未可知。

在民国的一些著作中，大多难以对片马的具体范围做明确的界说，如张凤岐在《云南外交问题》一书中提道，“片马所在之流域，为小江流域。小江流域在下列四山之间：板场山在北，高黎贡山在东，姊妹山在南，拉扒大山在西。四面环峙，略作方形，其中诸水，汇为小江”②。该书也只是说片马所处为小江流域，并非包括整个小江流域，具体范围如何也并未做界定。《滇西边务之研究》一书的作者认为，“小江流域各地，自尖高山以北，包括浪宋、派赖、茨竹大小十八余寨之地，皆可统称为片马”③。受《滇西边务之研究》一书的影响，近几十年的研究大多认为，片马地区的范围事实上包括了整个小江流域，即包括茨竹、派赖、片马、古浪、岗房等地在内。④

据此，笔者认为，鉴于片马事件在全国舆论中的影响力，加之小江流域处于中缅未定界区域，片马的范围事实上已经包括了左孝臣事件中受英国侵略的茨竹、派赖、鱼洞、岗房等同处于小

---

①谢本书先生曾发表《左孝臣事件与片马事件不是一回事》（《云南日报》，2001年），解释“左孝臣事件”与“片马事件”并非同一事件。

②张凤岐：《云南外交问题》，商务印书馆1936年版，第87页。

③《滇西边务之研究》，转引自谢本书编著《近代云南各族人民的爱国主义斗争》，第86—87页。

④谢本书的《片马问题研究》（《云南省历史研究所成立三十周年专辑》，1985年版，第5页）、王丹整理的《片马问题调查报告》［云南省社会科学院历史研究所编《云南现代史料丛刊》（第六辑），1986年］、方素梅、蔡志纯等编著的《中国少数民族革命史：1840~1949》（广西民族出版社2000年版，第118页）等，均持该观点。

江流域的各寨，属于片马事件中被涵括的地域范围。

综上分析，之所以会出现对片马范围界定上的巨大差异，与当时事件影响力密切相关。在边疆危机频发的近代中国，西南一隅之地发生的事件本不为清政府所重视。在事件的持续发酵和传播扩展过程中，将事件追溯以及影响的区域也划归其中，因此可将其视为“片马事件”所涵括的地理范围。

二、从“片马危机”到“片马事件”

前文述及，片马作为地名仅为“茶山九寨之一”，但作为事件的“片马”则涵括整个小江流域，包括茨竹、派赖、片马、古浪、岗房等地在内。在这一变化发生过程中，国际国内舆论发挥了重要作用。在英军侵入片马初期，这一事件的传播范围并不大，知者甚少。事件发生后，各地、各级官员纷纷奏请清政府与英国严重交涉，但外务部以“不值以一隅而妨全局，未便竞小利而堕诡谋”回复各地呈请。外务部以“中国积弱至此，防御百无足恃，惟有借感情为作用，或可联群雄而求多助”，将希望寄托在打感情牌，寻求各国援助上，而放弃对一隅之地的力争，认为“各国于东亚之事，恒视英国之左右为重轻，若以彼一此之边界，明知不敌而重伤感情，似非保持和平之计”[1]。为实现“弱国的和平”，清政府对各地官员的呼吁听而不闻，以消极的态度应对。

在这一背景下，云南的爱国地方士绅、知识分子开始借助各种渠道进行宣传，希望引起国人的关注和重视。“已而片马界务危迫，滇人士四方奔走，言争界事甚急切。陈荣昌奏参兴禄、石鸿韶划界失地，王人文、赵鹤龄奏参重勘滇缅界，杨觐东上界务

①云南省历史研究所编：《清实录：有关云南史料汇编》，云南人民出版社1985年版，第828页。

书。清廷均不应。”[①]除云南的部分官员外，知识分子着力尤多，而革命派在其中占了很大比例。革命派大多为曾经留日的同盟会员，与全国的革命派有着极为密切的联系。他们发挥人际关系的作用，利用舆论和媒介的力量，旨在将原不为国人所关注的“云南一隅的问题”变成“全国人的问题”。

作为孙中山、黄兴等人的革命方略中的重要突破口，边疆地区发生的边疆危机与革命局势的发展有着密切联系。1900年，吕志伊与黄毓英、杜韩甫、张文光、马幼伯等人在仰光筹划在滇西发动反清起义，“忽传英军侵入片马，运滇军械中途被扣”[②]，革命被迫取消。几经辗转，吕志伊前往上海“任《民立报》撰述，与宋教仁、陈其美、谭人凤、于右任、史家麟、杨谱笙等组织同盟会中部总机关，筹划联络长江流域之革命”[③]。1911年，著名革命党人宋教仁在革命党的机关报《民立报》上先后发表有关片马问题的系列文章——《滇西之祸源篇》《自由行动之流行》《变相之割让》[④]，抨击清政府的愚昧。随后，宋教仁又觅得云南腾越人尾随记录英国人侦察滇缅边界情况的书稿，以《故纸堆中之滇人泪》[⑤]为题，连载于《民立报》。《民立报》主编于右任也在该报发表诗文：“大风起兮云漫漫，安得猛士兮守西南。使我片马完复完。”[⑥]

---

①滇军一军都督编修处编辑：《滇复先事录》（选载），《腾冲文史资料选辑》（第2辑），云南人民出版社1990年版，第122页。

②李景煜主编：《云南省志·人物志》，云南人民出版社2002年版，第73页。

③云南省通志馆编、云南省志编纂委员会办公室编印：《续云南通志长编》（下），1986年，第738页。

④陈旭麓主编：《宋教仁集》(上册)，中华书局1981年版，第154—159页、第228页。

⑤郭汉民编：《宋教仁集（一）》，湖南人民出版社2008年版，第235页。

⑥于右任：《安得猛士兮》（1910年作），杨中州选注《于右任诗词选》，河南人民出版社2011年版，第35页。

由于革命活动曾受该事件的影响以及宋教仁等人对事件的重视和呼吁，借助近代报刊媒介的发展和传播速度，国人对片马事件的关注达到前所未有的高度。有学者分析道，“宋教仁关于片马问题和中俄修约问题的研究，有助于中外人士了解事实真相，有助于激发中国人民的爱国主义精神。他画的片马地图刊载报端后，‘全国震动’。上海之外国报纸‘移译转载’”[①]。1911年春，宋教仁参加上海南北商团公会召开的特别大会，又揭露了英国侵占片马，俄国侵略蒙古、新疆，进一步加大了片马危机的影响。与此同时，《东方杂志》《教育杂志》《申报》等报刊也相继刊登了有关片马问题的文章。[②]片马危机得到迅速传播，发展成为全国性的大事件。樊明方在分析中国北部边疆史若干问题时认为，俄牒风波与片马问题，“这两个事件如同英俄两国互相配合，捏紧了一把钳子，自南北两面向中国夹来，使全中国人民群情激愤，痛感帝国主义的瓜分之祸又迫在眉睫。中国报纸上出现了许多愤激之词。但是人们对这两件事情的真实情况却是雾里开花，若明若暗”。其所举实例之一正是“许多人对片马的地理位置都未弄清，‘均以野人山为界’”[③]。

早期的报刊媒体所发表的文章，大多介绍中国对片马的统治、中缅边界的划界情况及英国侵占片马的事实，把片马的丧失归于政府的腐败无能。宋教仁在《民立报》中评论道：“今者片马问题闻又将租借与英，是西南方隅，又增一割让地也。前此之租借，犹在沿海省份也，今则及于沿边省份矣。前此之租借，尤

①樊明方：《中国北部边疆史若干问题研究》，西北工业大学出版社2012年版，第498页。

②贺绍章：《片马交涉感言》，《东方杂志》1911年第8卷第7号；曰龛：《片马问题》，《教育杂志》1911年第3卷第2期；《泰晤士报之片马谈》，《申报》，辛亥二月初一日；《呜呼片马交涉尚能恃我外部乎》，《申报》，辛亥二月初十日。

③樊明方：《中国北部边疆史若干问题研究》，西北工业大学出版社2012年版，第496页。

为军事目的也，今则出于商业目的。”[①]这引起民众对边疆危机进一步恶化的警觉，不仅如此，对清政府出于商业目的而出卖国家领土的指责，极易激起民众的不满和愤怒。

到1923年，云南人在《滇署》杂志发刊词中激动地写道：“我们觉得现在全国的舆论，已经渐渐地注意到片马问题，这足以表现国人已经觉悟到片马问题，不是云南一隅的问题，是全国人的问题了。换言之就是，英国（对）片马的强占，不单只是云南迤西的门户洞开，实在是国命存亡决定上重大的危机！”[②]

随着报刊媒介的发展，舆论对于事件的发生和发展态势，乃至政局都产生了极大的影响，而片马事件作为西南边地一隅，其影响力的迅速发展与受舆论关注息息相关。我们甚至可以认为，正是因为革命党人的关注和宣传，借助报刊媒体的传播力量，使片马危机可以从极边之地的危机，成为国人争相议论、事关国家存亡的“片马事件”，掀起了民众极大的爱国热情。

三、“片马危机”与中国辛亥革命爆发

章开沅先生认为，社会的任何变革都需要有驱动的和依靠的力量，而辛亥革命有新的和有效的社会动员手段与方式，亦即通过报刊制造舆论，而“没有感情渗入的理论著作往往流于枯燥的说教，没有理论指导的纯粹感情煽动则又容易流入盲动”[③]。边疆危机中清政府的让步行为揭露了清政府的腐败无能及其卖国行径，极易成为“生动”“煽情”而又不失“排满救国”理论指

①郭汉民编：《宋教仁集（一）》，湖南人民出版社2008年版，第280页。

②《致云南旅外同乡书》，《滇署》创刊号，1923年3月18日，收入陆复初编《昆明市志长编》（卷九·古代之四），1984年，第229页。

③章开沅：《辛亥革命时期的社会动员——以“排满”宣传为实例》，《社会科学研究》1996年第5期。

导的重要驱动力量。在民族危机急剧尖锐化的背景下，革命党人发起成立的中国国民会，致电国内革命报社，要求各报社统一言论，“攻击政府辱国丧权”[①]。片马事件发生于革命党人积极进行社会动员的高峰时期，革命党人利用报刊舆论的力量，将危及国家危亡的边疆危机作为激发国人爱国热情的有效内容。

（一）片马事件的影响力，促使辛亥革命在云南取得胜利

云南毗邻越南、缅甸。当时为属国的越南、缅甸先后被法国和英国占为殖民地后，中国西南地区随即暴露在帝国主义面前，成为其进一步企图侵占的目标。西南边陲的知识分子较早看到、体会到被侵略的事实，对于英法等国的侵略有着强烈的危机意识。片马事件发生之后，云南在省内外任职的官员、留日学生、士绅、知识分子、商人等纷纷奔走呼号，对清政府的做法也极为不满，以至于人群激愤。加之国内舆论的重视和极力渲染，对中国任人宰割、瓜分的恐惧被进一步扩大。据当时在云南的朱德回忆，“法、英帝国主义对云南省的加紧侵略，激起了全国人民的愤怒，云南人民更感到‘内巩国基，外御强敌’的迫切，于是积极起来反抗”[②]。云南旅日的同盟会员也在东京发出檄文——“滇危矣！”“滇亡即人亡！”“救云南即救中国！”“革命一到，势如破竹，如入无人之境……”[③]以作为挽救云南、挽救中国、宣传革命的有力手段。革命党人大肆宣传，汉夷人民，大多怨望清朝政府。“在一九一〇年，本省因七府矿产，片马问题等重大事件，掀起了各地青年学生反对帝国主义和满清政府最激烈的革命

①〔日〕小岛淑男：《中国国民会与辛亥革命》，《辛亥革命史丛刊》1989年第6辑。

②朱德：《辛亥革命回忆》，《文史资料选辑》编辑部编《文史资料精选》（第2册），中国文史出版社1990年版，第2页。

③张力：《同盟会员张朝甲先生》，保山市委委员会文史资料研究委员会编《保山市文史资料选辑》（第1辑），1985年，第25页。

运动。学堂里的学生秘密开会或公开宣传，有的割指截发，表示誓死力争的决心。”①

片马事件的发生，清政府没有积极应对，在国内舆论密集、大范围的分析和报道之下，国人对于国家面临的危机产生自觉。同时，这一思潮开始影响到军队，部分军官开始转变观念，对推倒清朝专制、拯救国家危亡、建设共和国家产生认同。“清宣统二年，春间，外人瓜分中国之说传至云南，人心惶恐，各界骚然。存厚即利用此机会联合同志，暗中鼓吹军界，谓：‘外患迫切，内政不修，此致亡之道；欲图补救，必先从根本解决。解决之法，惟有实行革命，推倒满清，扫除专制，建设共和，方可以拯大灾而捍大难’……军官中多然其说，颇有动机。”②且李经羲因对时为云南陆军讲武堂总办，且在学生中宣扬、支持革命的李根源已有戒心，因此片马事件发生时，派遣李根源前往片马办理防务，殆欲借机调其离省。③李根源赴片马侦英兵，“绘山川道路地形要隘图归，省大吏弃之弗用。人情愤怼，热血人士咸思独立”④。

不仅如此，由于片马事件的发生，对腾越起义起到了直接的推动作用。因片马交涉，李经羲派遣榆标陆军分三营，前左队驻永昌，后右队驻腾越。武昌起义胜利的消息传来后，云南军、学各界筹谋响应，张文光自腾越一路，以同志会联络会党及陆防军，率先发难。“先是腾军排长陈天星又名云龙者，在军中有势

①吴漱泉：《我在辛亥革命时的见闻》，云南省文史资料研究委员会《云南文史资料选辑·纪念辛亥革命七十周年》（第15辑），云南人民出版社1981年版，第136页。

②《刘存厚事略》，中国人民政治协商会议云南省委员会文史资料研究委员会编《云南文史资料选辑》（第17辑），云南人民出版社1982年版，第292页。

③李根源：《辛亥前后十年杂忆》，中国人民政治协商会议全国委员会文史资料研究委员会编《辛亥革命回忆录》，中国文史出版社2012年版，第250页。

④《续云南通志长编》（上），第7—8页。

力，称同志会代表，文光用之，以号召党人。发难前三日，陆防军官兵借野操会文光等郊外，既盟，定初六日举义。”[①]1911年10月27日，张文光率起义军发动腾越起义，取得了胜利，组建了滇西军都督府。因为革命党人成功的社会动员，新建立的都督府得到绅、商、士、农、学等阶层的支持，很快控制了局面。

（二）推动全国辛亥革命的爆发

发生在滇西北的片马事件，不仅对云南的革命活动起到了重要的推动作用，而且对掀起全国的革命高潮也有较大影响。随着报刊等近代传媒工具在中国的发展，公众舆论开始逐步形成。诸多文献资料表明，由于片马事件的舆论影响，使其与全国其他地区的边疆危机一道激起了爱国热情的高涨。

在上海，“全国商团联合会”的成立，正是因为“1910年英国占领云南片马，日本侵略朝鲜”，“进一步激起上海商人的爱国热情”。[②]1911年6月，马相伯在“俄侵伊利，英占片马，法强索滇矿”的民族危机触发之下，参与发起中国国民总会，并被推举为副会长。该会主要由上海地方精英和留学日本的同盟会会员组成，以反抗列强侵华相号召，广泛吸收各阶层赞成革命的同志参加。[③]就读于上海同济德文医学校的朱家骅受宋教仁和于右任关于片马事件等边疆危机宣传的影响，于1911年在上海发起成立“敢死团”，名为抵御外侮、抗击强权，实为反清秘密革命小团体，先后在南京、昆明、北京、天津、汉口、广州等地先后设立分团。

①《续云南通志长编》（上），第7—8页。

②朱英：《辛亥革命时期新式商人社团研究》，华中师范大学出版社2011年版，第104页。

③薛玉琴：《马相伯与张謇交谊述评》，刘正伟主编《规训与书写：开放的教育史学——纪念中国教育近代化研究25周年》，浙江大学出版社2013年版，第256页。

在潮汕，革命党人感于“列强握我税关，雄邦伺我片马，日日调兵，时时密会，用意叵测，有隙将乘兴，又复藏民煽乱，藩属多艰，向我请兵，以图镇慑，试问我国此时，有能越俎谋乎？弃而不顾，彼则托庇于他国，所云五族共和，固非易已，恐不止于此也”[①]，以此激发革命党人对于国家安全和国家建设的警觉。

在河南，因英人侵占云南片马，学生在高等演艺馆开会，抗议清政府无能，要求公使胡维德电京请愿，公使逃，学生占领使馆。一夜，以李肇甫为首组织各省学生联合会，扩大革命外围。[②]

在四川，“一些奇异的记录被告泄密，出版社失控，一些反对外国人的漫画令人厌恶——中国士兵被捆绑在树干上，外国士兵朝他们开枪，其文字说明曰：此画画的是中国士兵在片马地区所受的英国士兵的虐待”[③]，社会上抗英、排满的情绪逐渐高涨起来。而当时沙俄《晨报》惴惴不安地报道：“中国人因法国在云南、英国在片马蓄意破坏中国领土完整而激起的全部仇恨，正转而指向俄国。”[④]因此，沙皇政府的蛮横行为在中国引起了强烈反应，各地人民和留日学生纷纷表示抗议。而清政府对俄国屈服投降，更引起人民群众的极大不满，革命的浪潮进一步高涨。[⑤]

有学者分析当时国内形势说，“局势发展到1911年，在反

---

①王琳乾、吴坤祥编辑点校：《辛亥革命潮汕革命会党活动资料》，2003年，第430—431页。

②《贺升平自述》，河南省委员会文史资料委员会编《河南文史资料》（第32辑），河南人民出版社1989年版，第64页。

③〔英〕丁格尔：《1911—1912亲历中国革命》，陈红民等译，浙江大学出版社2011年版，第224页。

④转引自科金：《中国1911年革命时期的沙俄远东政策》，苏联科学院历史委员会编《史学论文集》（第3册），莫斯科出版社1934年版，第237页。

⑤余绳武：《沙俄与辛亥革命》，中国社会科学院近代史研究所编《纪念中国社会科学院建院三十周年学术论文·近代史研究所卷》，方志出版社2007年版，第116页。

对英占片马的斗争中，反清的力量扩大了，清官吏干涉抵制英货，禁止散发宣传单，商会也在形势的推动下，敢于与之抗争了，至此，推翻清政府的条件已经完全成熟，大有一触即发之势”[①]。

片马事件掀起的强大舆论力量，对于该事件的发展产生了重要影响。一方面，对于英国，伦敦政府同意采取远征片马的行动，“本希望通过军事压力使清政府承认以恩—萨分水岭为边界的既成事实，从而一举解决多年未定的中缅北段未定界问题。但清政府内部的压力使它迟迟未作出让步”[②]，致使英国进一步侵占滇西北地区的企图受到阻滞；另一方面，清政府在强大的舆论压力下，在之后与英国的交涉中，不得不对片马问题的处理予以更多重视。为解决此问题，清政府外务部致电各地方督抚：“英人进兵片马因促界务解决，现正与滇督协筹切实办法，外间报纸喧腾，言多失实，顷风闻日本留学生开会集款，电各省谘议局练国民军，办自治会，并电欧美留学会，似此举动，深恐摇惑人心，牵动全局，希即设法解释谣言，严密防范。”[③]面对已经动荡不安的国内政局，清政府对于这些议论不能做到充耳不闻，这些带有强烈爱国主义精神的舆论极大地影响了清政府的最后决策。但这些努力都不足以挽回清政府被推翻的命运。1911年，武昌起义爆发，随后革命烈火迅速烧向其他省份，清政府的统治被推翻。

综上可见，1911年发生的英军侵入片马事件，在媒介的作用下，成为中国近代史上一次闻名中外的边疆危机。一方面，由于片马地处边陲，国人对该地缺乏关注和了解，使片马的地域范围

①昆明市志编纂委员会：《昆明市志长编》（卷八·近代之三），云南新华印刷厂1984年印刷，第214页。

②朱昭华：《中缅边界问题研究》，黑龙江教育出版社2013年版，第177页。

③王彦威、王亮：《清季外交史料》（宣统朝）（卷19），文海出版社1985年版，第14页。

有所模糊；另一方面，广泛的社会影响力又使片马地域产生了外延，片马地域概念产生了新变化。片马事件的发生，为清末革命派的社会动员提供了重要素材，进一步激发了民众挽救国家危亡的意识，这在一定程度上为辛亥革命的爆发提供了民意基础。

（曾黎梅，云南省社会科学院历史、文献研究所副研究员）

陆军学堂提调秦光第

张一鸣

清末的云南武备学堂、陆军学堂均系云南讲武堂前身。先叔外祖父秦光第曾担任云南陆军学堂提调。对此，有关著作中均有记述，周钟岳编纂的《续云南通志长编》卷八十一“人物二”“武功”中“秦光第”专条中称：“（秦）毕业云南武备学堂，任三十七协执事官，调陆军学堂提调。”方树梅辑纂的《续滇南碑传集》卷二“政治”，收有佚名的《秦光第事略》一文，所述与上文完全一致。秦光第自撰《淡泊斋年谱》（云南省图书馆历史文献部有藏本），更明确记述“宣统二年庚戌（1910年）八月委陆军学堂提调”。

关于“提调”这一官职的含义，1992年8月上海辞书出版社出版的《中国历代职官辞典》的解释是：“提调，官类名，提举调度的意思。清末各新设机构常置此职，系处理事务的高级人员。其职权大小，因机构而异。”《淡泊斋年谱》中也有一段记载：“堂中教育遵循办理，无大出入，惟内务各项及经费整理诸多未善，提调专责又在庶务，光第入堂后随事躬亲，整理不遗余力，约三月始有规模。”可知“提调”一职大体相当于“后勤处长”，是陆军学堂中仅次于总办和监督的第三把手。

秦光第（1871—1940年），字少元，别号六馀居士，原籍呈贡，其曾祖父维高公于清乾（隆）嘉（庆）年间移居昆明。出身书香世第，与伯兄光铭（字箴伯）、仲兄光玉（字璞安）均为近代云南文教界、军政界知名人士，被誉为“秦氏三杰”。

秦光第参加过辛亥云南光复起义。1911年9月9日起义后，14日即被都督府委任为被服厂厂长，缘“是时援川援黔各军队次第出发，供亿纷繁，日不暇给。情形稍疏，即不能应付，而原任事各员多属官僚。光第仅择其司事中正当而又能办事者三人，躬率办理，夙夜在公，得免废事”[①]。由于他领导有方，工作勤奋，从而保障了援川、援黔部队对被服的需要。

秦光第在担任被服厂厂长期间，还办了两件深得时人称道的好事，《淡泊斋年谱》中均有记载。一件是严拒一个官商勾结、损公肥私的“被服公司”的拉拢，并对卷入官员进行了耐心劝诫，“有某商接洽数当道，集资设立被服公司，并邀光第入伙。光第不惟不入，且恳切力劝各当道于名誉有碍，并告以自光第办理以来，积弊已除，价值（格）规定极严，收物品时检查亦极认真。某商不听，未几该公司即倒闭”。另一件是扶持民营企业幼孩工厂，“旋幼孩工厂亦欲制办此项服装，光第立允，并代筹划一切，始未亏折。或问曰：被服公司何如是之峻拒，幼孩工厂何如是之赞成？光第乃告曰：公司虽系数当道组织，私也；幼孩工厂虽属一般平民，公也。”可见秦光第办事只分公私，不问官民。为私者虽官员亦严拒，为公者虽平民亦扶持。

秦光第直接参加了云南护国首义。1915年12月22日，以唐继尧、蔡锷、李烈钧为首的军政要员39人在五华山光复楼聚会，歃血为盟，誓师讨袁，时任军需局（军械局已并入）局长的秦光第也名列其中。护国战争开始后，承担了护国军繁重的后勤保障任务。战争结束后，大总统黎元洪颁授三等文虎勋章和三等嘉禾勋章，实授陆军少将（后又晋升为中将），本省当局也授给拥护共

①引自《淡泊斋年谱》。

和一等纪念章。

此后，秦光第先后担任过的主要职务有：三任云南全省警务处处长兼省会警察厅厅长（相当于省公安厅厅长兼昆明市公安局局长）、两任第二卫戍区司令兼蒙自道尹、富滇银行行长兼金融整理处处长、省防司令（相当于警备区司令）、内务司司长（相当于民政厅厅长）等。现将两段任职期内的主要政绩简述如下。

一、兼任省会警察厅厅长

当时的警察厅实际上履行着昆明市政府的职能，原因是辛亥革命后的8年内（1911年9月至1919年9月），昆明市尚未建立独立的市政管理机构，一切由都督府（后为省公署、省长公署，相当于省政府）直接管理，具体则交由省会警察厅主管。直至1919年10月省长公署决定成立“云南市政公所”，1922年8月改称“昆明市政公所”，1928年8月正式定名为“昆明市政府”。所以1919年10月前，省会警察厅的管理范围甚宽，职权甚大，除维护社会治安外，还包括城市建设、路政管理、卫生防疫、民政救济、园林绿化、文物古迹修缮保护等。秦光第在任职期内，主要做了以下工作。

（一）开辟护国门

为了改变城区东南交通堵塞、行人拥挤的局面，1918年6月，秦光第向省长公署呈报，申请增辟东南城门（后定名为“护国门”，民间习惯称“小南门”），经省长公署核准，并训令以秦光第兼任城工事务处监督。经过一年半施工，全部建成。1919年12月，一块由3位文化界名流“石屏袁嘉谷撰、昆明陈荣昌书、泸西陈度篆额”，“省会警察厅立石”的《云南会城护国门碑记》屹立在护国门前。

（二）修街整道

当年昆明市区街道，除少数大街为石砌路面外，均为土路，坑洼不平，“晴天一身灰，雨天一身泥”。为了管理修路事务，决定成立“马路工程办事处”，由省会警察厅厅长兼任路工处监督，将土路翻修为石马路。秦光第还制定出不同街道的不同宽度，拟具了《取缔街巷规则》，以指导施工。

（三）其他政绩

（1）扩充普济堂游民习艺所，改建女子习艺所、拘留待质所各处房舍；

（2）新建麻风院及豆腐、豆菜、米线等业房舍以及屠牛、屠羊各场；

（3）新建幼孩工厂房舍，扩充学徒百名；

（4）整顿宏济医院，添筹经费，加聘中西医士，全日会诊，以推广慈善事业；

（5）整顿省会巡警教练所，开办地方警察传习所，以培养警材，以及扩充警察忠烈祠地址，以慰忠魂；

（6）修理六门城楼，以壮观瞻而示整齐；

（7）重修圆通寺、地藏寺、古幢公园等名胜古迹；

（8）筹款收买九龙池田亩、湖潭，划归翠湖公园管理。

1920年8月，秦光第奉令调任新成立的省防司令（近卫部队首长），仍兼全省警务处处长和省会警察厅厅长。任职期间发生了两次政变（顾品珍倒唐和唐继尧驱顾），虽政局动荡，但在秦光第率军警维护下，昆明社会治安稳定如常，未出乱象。

1921年1月至1922年7月，秦光第还兼任云南市政公所会办（相当于副市长）。

二、担任第二卫戍区司令兼蒙自道尹

民国初年，全省共设置四道，即滇中道辖30县、普洱道辖9县、腾越道辖21县、蒙自道辖17县［蒙自、阿迷（开远）、文山、富县（富宁）、广南、马关、弥勒、建水、师宗、石屏、广西（泸西）、习峨（峨山）、澄江、江川、黎县（华宁）、邱北、江那（砚山）］。“道尹”为一道的最高行政长官。

秦光第任职期间的主要政绩如下。

（一）疏濬抚仙、星云两湖河道，解除水患，增辟良田

秦光第沿两湖实地考察后指出，由于河道堵塞，导致湖水泛滥，淹没良田，“沿湖人民未受湖水利，反受湖水害”。他邀聚澄江、江川、华宁三县官绅会商后，拟具疏濬方案，上报省公署（省政府）核准后即组织工程处开始测量，随即施工。秦光第早年毕业于武备学堂测绘科，熟知此道，由他亲自指导测量，指挥施工。此项工程于1923年2月中旬开工，6月初完工，历时3个多月。修整河身1300余丈，濬深河底3—5尺。之后河道及湖口畅通无阻，不仅使沿湖人民免遭水害，而且因湖水泛滥被淹没的良田4500余亩又可耕种。[①]

（二）整顿吏治，赏罚分明

责令各县知事“勤求民隐，廉洁自持”，对于军官中“练达有成，熟悉南防情况者”则调升要职，“怙势而骄，不胜其职者”则“彻差”；对于文官中“有办匪勇敢或因失慎者则原（谅）之，办事勤能或因碍误者”则保（护）之，因案被逮才尚可用者则宽（宽大处理）之，“婪索嗜利或油滑误民者”则“彻之惩之”。[②]在秦光第治理下，腐败的官场开始出现一些新气象。

（三）会剿股匪

滇南一带频年匪患，民不聊生。秦光第召集各县团绅密议，由团练配合军队会剿，方针是“诛戮首要，解散胁从”。蒙自雨过铺及沙甸一带匪多而悍，屡缉未获。秦光第令两地团首按名单密拿惩办要犯30余人，匪患顿息。江川普妙、华宁浪广匪首数人

①见秦光第撰、澄江张鑫书《疏濬抚仙、星云两湖口碑记》。
②见《淡泊斋年谱》。

裹挟良民及党羽千人，窜至玉溪、澄江、昆阳、晋宁一带抢掠，声势甚大。秦光第指挥部队及团练将匪首缉拿诛杀，始弭匪祸。

（四）扶持教育事业

筹款补助蒙自联合中学和石屏、建水、开远三县县立中学，以解决教育经费不足困难。

（五）整顿滇越铁道路政

秦光第召集昆明至河口段沿线各地官绅及路政人员征求意见后，拟定了保护滇越铁路的规章制度及路政人员应遵循准则，明令公布执行。

佚名《秦光第事略》中有一段中肯的评论："光第性严正，有文武才略，出入军政界垂三十年，持己廉，驭下严，奉公守职，以勤慎称。勇于办匪，明于察吏，善于安民。两值政变，维持省城治安，其功尤著。"应该说这一评价是客观公正的。

1928年龙云主持滇政后，秦光第未再担任实职，仅受聘为省政府参议官。

秦光第虽长期在军政界担任领导职务，但文化素质高，国学功底深，喜爱读书藏书，积廉俸所得购书数万卷，以贻子孙，额其书斋名"淡泊斋"。平生最崇敬明代吕坤（新吾），清代陈宏谋（榕门）、曾国藩（涤生）3位先哲，并出资校刊刻印了吕新吾《呻吟语》、陈榕门《培远堂手扎评》以及明代学者洪自诚（应明）《菜根谭》分赠亲友。秦光第亲撰序言，在序洪书中称："光第幼承庭训，日闻先儒语录。及长，对于吕新吾、陈榕门、曾涤生三先生嘉言，尤爱读之，为其语语药石，字字箴规，不事空谈，最切实用也，故有一生低首吕、陈、曾之语"，盛赞洪书"浅近平淡中有独善语，有兼善语，有刚介语，有柔和语，有隐逸语，有禅机语。日事三复，羹墙于斯，梦寐于斯者久矣！"在序陈书中称："吕新吾《呻吟语》本末悉备，体用兼赅，片语支词，均是为立身处世标准。"盛赞陈书"言皆平易，语尽核实，于行政官吏之事上接下，克己律人，似较《呻吟语》更为亲切”。秦光第尝谓“幼年得力于先人之遗言，晚年得力于古人之教训”，故其做人做官，处世应世，皆以先哲教导为准。

20世纪80年代，秦光第侄婿、先父张熙江整理编注的《菜根谭新编》一书，即以秦刻本为主，参考了其他11种版本校改整理编成。全国政协原副主席缪云台（原名嘉铭，其三哥嘉寿与秦光第为武备学堂同窗，两人曾结为金兰之交）题签书名，封面配国画大师齐白石所绘“双菘图”（“菘”即白菜）及题字“先人作过三代农夫方知道此根有真味”。此书于1989年11月由上海人民出版社出版后，大受读者欢迎，1992年被评为上海出版界十大畅销书之一，至1998年已再版10次，累计印数逾10万册。早在20世纪20年代，秦光第即对此书做出甚高评价，足证其远见卓识。

2010年1月5日

（张一鸣，云南省政府研究室副研究员、《云南省志·政府志》主编）

开国将帅与云南史事考论3则

陈秀峰

一、披坚执锐铸深情——护国战争中朱德与唐继尧之关系缘起

近些年，经常读到一些有关朱德生平的文史论著中常爱引用朱德的一句话："最后还借唐继尧的毒手将封建关系代我斩断。"但这句话出自何处，作者均未作交待。笔者留心查找后才得知这句话原来出自1937年朱德在延安与美国记者史沫特莱的谈话，原话是"借唐继尧的手将封建关系代我斩断"。这句中并没有"毒"字。我相继看了近几年出版的几个版本的《朱德自述》，书中的这句话也都没有这个"毒"字，因而可以断定是有人在引用这句话时恶意加进去的，而这句加了"毒"字的话又被后来的研究者反复引用而广为传播，其影响可想而知。众所周知，错误的史料一旦长期广远流传，要想纠正就难了！

昆明文史爱好者龚绍康先生专程到会泽县城唐继尧故居参观时，亲耳听到一位年轻的女讲解员说："共和国元帅朱德说过：'唐继尧充其量也只是个大军阀而已。'因为朱德的这句话，至今让唐继尧翻不过身来！"女讲解员的话引自何处，龚先生没有当场追究。但这类大同小异的话，笔者也常听人说起，即朱德对唐毫无"好感"。事实当真如此吗？

2005年护国运动90周年之际，云南省档案馆开办了“护国运动展览”，笔者在展览上看到了云南护国第一军第二梯团第三支队队长朱德写给护国军政府都督唐继尧的战地来信，这封情真意切的信，是朱德于1916年4月15日在川南讨袁前线的纳溪县红花地（后名“棉花坡”）写来的，信中报告了前线战况和个人思想，对唐钦佩赞颂之情洋溢于字里行间。信中写道：

都督麾下敬肃者：

幸隶鸿幈，咸趋虎帐，伏承翼展康庄，鹰扬大陆，只维勋高郭李，望重韩范。缅想仕猷，倾心祝颂。

团长（朱德）久蒙训迪，得侧行间，扪心至再，覆束堪虞。所幸我都督仁风久播，自滇以达蜀地，无不箪食而迎。二月中旬，记抵永宁，即闻前军偾事，因寡众之敌，以至炮阵失守，即奉蔡公檄委，饬其星夜前进，赶接步二团事务。团长猥以凡庸，屡蒙阃寄，只得勉竭驽钝，重整甲兵，丁十七号到纳溪，值战事方烈，于是宣布德意，鼓励士兵，刻即加入火线。所有战斗各情，谅已早达钧览。

惟是两营上兵，虽负伤营长四员，而勇敢锐利，势不稍衰，实所罕见。现值停战期间，奉蔡公命令，至红花地分地防守，取攻势防御主义。然补充者概属新兵，惟有督率各营长官，认真教育，以资进度，用副我都督整兵经武之至意。

喜民帜之复起，万国同钦，望戟之星辉，五衷念切。此日在西，先修鲤启，他年旋南，再遂凫趋。更冀远锡惠言，金针时指，俾便遵循。

公匆肃此，只颂勋绥。幸加垂鉴。

第三支队长朱德鞠躬

四月十五号由四川泸州城外红花地行营上

在这封信中，朱德用“勋高郭李，望重韩范”高度赞扬唐继尧的功勋、名望远在郭子仪、李光弼（有注家说是李广，误）、韩琦、范仲淹之上；称自己“久蒙训迪”（长期获得唐继尧的训导启迪），颂“我都督（唐继尧）仁风久播”；等等。从中除了看到朱德对唐继尧无比崇敬、由衷感佩之情外，能看出朱德对唐继尧有一丝一毫无“好感”的表示吗？

再看唐继尧1916年5月21日给朱德的复信：

玉阶吾弟惠览：

远劳征戍，得书浣慰，且感怍兼抱矣。成都既就我范，又得诸英俊披坚执锐于前，运虽负，固无足论矣。近来，南方各省悉表赞同，以迫袁退；彼所倚为心腹者，近亦倒戈相向也。大局近状，渐入佳境，黄龙之饮，会当有时。迤南匪乱，现已敉平，借纾远注，并望顺时珍摄。不宣。

唐继尧顿首

为师为长为护国军最高统帅的唐继尧对身为学生位不过团长的朱德“顿首”，何其谦逊！他对收到朱德的战地来信感到宽解和安慰，对朱德的赞颂表达惭愧之意，并向朱德表示了亲切的关怀和问候。

任何一位不怀偏见的人都不难从这两封亲笔信中看到朱、唐之间的关系是何等的亲密与深厚！

在这里需要特别提及的是，我前面抄录的朱、唐两人的信件原文，均出自杜奎昌先生辑注的《唐继尧护国讨袁文稿》。杜老师1998年退休前是新华社云南分社主任记者，这本书是他退休后行万里路、读（查询）“万卷书”（史料）后写就并自费出版的有关“护国运动”的专著。他为收录这本书的百篇文稿做了近5000条辑注，仅这两封信的辑注就达65条之多，实为当代护国运动研究的“信史”。杜老师在辑注中还披露了唐继尧两次提拔朱德的史实。辑注写道：“云南护国军兴，扩编队伍，唐继尧提拔朱德为新编滇军十团团长，护国运动结束后，唐继尧又提拔朱德为（少将）旅长（任命书现存四川泸州朱德事迹陈列馆）。”编书过程中，杜老师还发现在其他相关史料中，这两封信的内容大多被别有用心之人篡改和删减，实感近代史学研究之不易。

唐继尧与朱德的关系可以追溯到朱德的军校时期。1909年12月，朱德经过严格考试被云南陆军讲武堂录取。在两年的军校生活中，朱德与任军事学教官的唐继尧保持了良好的师生关系，朱德在云南陆军讲武堂取得的优异成绩和突出表现，给唐继尧留下了深刻印象。1913年11月，唐继尧从贵州回滇任云南都督。1915年3月，唐继尧任命滇军二团第一营营长朱德为少校副团长。1915年12月25日，护国运动爆发，次年1月6日，唐继尧提拔朱德为新编滇军十团团长。随后，滇军十团编入蔡锷任总司令的云南护国第一军，朱德任该军第六支队队长。在川南讨袁前线时，朱德又调任为护国第一军第三支队队长。笔者在档案馆看到的1916年4月15日朱德给唐继尧的战地来信就是以“第三支队长”的名义发来的。

1957年2月，朱德元帅又再次来到云南视察。2月15日，他到昆明原云南陆军讲武堂教官李鸿祥的家中探望，交谈中，朱德元帅对李鸿祥说：“我考进云南讲武堂，承蒙您的栽培，在这所熔炉里，培养军事人才的学校，我要感谢教过我的教师：谢汝翼、唐继尧、顾品珍、孙永安、叶成林等，特别要感谢您和印泉师

（李根源）。”[①]朱德发自心底提出要感谢的几位教师中，唐继尧的大名赫然在列。当我第一次从2009年出版的《铁血英魂》的后记中看到这段话时，顿感眼前一亮，立马向作者靳卫平打听这段史料的出处。

2010年春夏之交的一天，我在翠湖一茶座与唐继尧的侄孙唐麟书先生小聚时，特意送给他两盘5集纪录片《百年讲武》光盘。席间他向我讲起一件往事：朱德总司令于20世纪50年代初来到昆明时，专门会见了唐家的人，并给了唐继尧的绰号叫“大脚”和“小脚”的两个姨太太几百块钱，以示关怀。这件事只有唐家少数几个人知道。如果对唐继尧没有感情，没有“亲密关系”，那么已位列中华人民共和国十大元帅之首的朱德有必要对“大军阀”唐继尧的姨太太如此关心吗?

朱德元帅在1955年11月重返昆明旧居“洁园”时还写了这样一首七言绝句：“奇花独立树枝头，玉骨冰肌眼底收。且盼和平同处日，愿将菊酒解前仇。”朱德即便因为跟随顾品珍倒唐不久后以失败结束而与唐继尧有一点“前仇”的话，也在这“菊酒”中化解了。此时，已坐江山的伟人朱老总的心胸，岂是一般人所能理解的?

朱德的女儿朱敏在《我的父亲朱德》一文中谈到父亲在延安时，在向采访他的美国记者史沫特莱谈到旧式军人的问题时这样说道：“旧式军人不要紧，军阀也不要紧，那是历史时代所赋予的特定身份，不以人的意志为转移的，要紧的是你在你特定的时代里追求什么？个人权欲还是民众权益？追求不同，最后的结局就不同。我和刘伯承在特定时代中有一样的追求，最终我们走在了一起。”虚名与实绩孰重孰轻，朱德心如明镜，看得非常透彻。

---

①引自政协昆明市盘龙区委员会编：《昆明市盘龙区文史资料集选辑（第7辑）》，1992年版，第17页。

二、马列瞻襟愫，胸藏百万兵——1927年朱德给滇军教官讲“马列”之影响

笔者有幸结识的几位在国内的朋友，其父亲都是滇军抗日名将，诸如陈钟书、莫肇衡、杨宏光、陇耀、甘芳、曾泽生等，朋友们都把父辈真实的传奇故事讲给我听。

数年前的一天，原抗战时期任军事委员会委员长、昆明行营参谋处处长兼第十一集团军副总司令甘芳将军之子甘震宇先生送给我一篇用旧式打印机打印的忆旧文章。这篇名为《回首八十二度沧桑岁月》的文章作者叫严中英，是甘芳将军的下属第一路军参谋长。这篇文章记录了耄耋老人严中英跌宕起伏的一生，他的传奇故事得从小时候讲起。

1905年农历六月十九日，严中英生于云南宜良县城的匡山镇。幼受庭训，母教尤深，常以岳飞精忠报国的故事相鼓励。7岁入学前，就已在族伯严子逑门下习诗文，喜诵风格高雅之词曲。

1919年，14岁的严中英在当地小学毕业后，考入省立第一中学十六班，在校参加了“学生自治会”，“这是学生争取民主的进步组织”。当时云南自主自为的地方自治生态良好，各大中小学校均建有“学生自治会”（人民音乐家聂耳在昆明上高小时，就担任过学生自治会会长）。在中学期间，严中英与同学们一道，积极参加反对卖国的“二十一条约”，举办示威游行，抵制日货，还冲进“保田洋行”，乱抛东洋货出气。这时的严中英已成长为一个富有正义感的热血青年。

1926年秋，严中英从昆明高等师范学校毕业时，当局组织“云南高师学生参观团”，由省一中校长徐继组领队，到江、浙一带及北平（北京）等地参观学习。对来自拥有“辛亥重九起义、护国起义”光荣传统的云南当局组织的学生参观团，各地军

政当局早有戒备，故到了南京、上海、杭州及北京等地参观时，沿途受到当地军警的严密盘查或监视，大有“山雨欲来风满楼”之态势。

当参观团转道回云南，奔赴滇越铁路之前路经香港时，小住观光，严中英与同学8人（有女生2人）相约悄悄离团入穗。先到黄埔军校参观，听到了“怒潮澎湃，党旗飞舞，这是革命的黄埔”令人热血沸腾的校歌以及“打倒列强，除军阀……”的革命军军歌，这些时代最强音紧紧拨动着这些年轻学子的心弦。这次黄埔之行，碰巧遇上了国民革命军第十六军军长范石生由前方到广州办事；在一德路十六军办事处，范石生请严中英到他们刚成立的军官教导团担任国文教官，严中英答应说，待回云南结合此次参观写好论文，领取毕业证书后，再到部队来工作，范石生欣然表示同意。

严中英在他的回忆录中写道：“一九二七年五月，我从昆明到广州第十六军办事处报到。随即赴韶关，经湘南汝城抵郴州，到军部见范石生，他表示欢迎，我接着往军官团到职。一九二七年八一南昌起义后，朱德将军率部南下。与粤、桂军阀战于东江之后，转进湘南，化名王楷。十月间，与范石生会师。双方建立了反蒋统一战线。我到军部时，曾遇到朱德将军，范石生介绍认识。是年十二月，军次（小驻）坪石，我与军官团军事教官刘耀章、黄宗闵同去谒见朱德将军，蒙热情款留。席间，朱德将军畅叙南昌起义的时代背景，也谈到苏联十月革命及‘新经济政策’，使我对祖国前途看到了一个远景。当时还写了一首诗呈朱老。”

重读1982年8月1日刊登在全国各大报刊上朱德委员长《从南昌起义到上井冈山》一文，对这段历史就了解得更清楚了。南昌起义后，由朱德率领的起义部队与范石生第十六军又保持了一段时间的合作关系，严中英就是在这期间见到朱德而有幸聆教的。

他被朱德将军所展现出来的人格魅力、政治理想和博大胸怀所折服，由此进一步认识了马列主义，成为滇军军官中最早看到“马克思主义中国化道路”远景的幸运儿，从此，严中英心中种下了“革命火种”。这次见面，对他后来在滇军中的戎马生涯产生了重要影响。

严中英诗作比文章写得好，这得益于他在这方面的“童子功”。他把呈朱德将军的诗作放在了回忆录的结尾，未列标题。开始笔者没注意到放在括号里的一段文字，以为这首以“马列瞻襟愫”开头的五言绝句是1987年写回忆录时的新作。后来看到写的“（抄一九二七年冬旧作）”时，才知道这就是1927年12月严中英聆听朱德将军的激情畅谈后茅塞顿开、心明眼亮、热血奔涌，挥笔写下的激情四溢的传世佳作。严中英这首礼赞朱德将军又抒发个人情怀的得意之作，写得大气磅礴、文情并茂、动人心魄！诗作写好后当即面呈朱德将军，就其功力而言，想必博得了将军的当面赞誉。其诗作如下：

北江风雪夜[①]

——呈朱德将军

马列瞻襟愫，胸藏百万兵。
长缨为民请，大道以天行。
业藐麒麟阁，声高细柳营。
北江风雪夜，温盏慰生平。

严中英　作于一九二七年冬

为展现诗作的本真且便于研究者理解，笔者特请云南古汉语

①标题为笔者所加。

专家、云南民族大学蔡正发教授对其中两句做了精彩的解读。蔡教授在解读中这样写道："诗中的麒麟阁系汉初丞相萧何所造，本是用来'藏秘书，处贤才'的地方，汉宣帝年间在阁中绘了霍光、张安世、韩增、赵充国、魏相、吉丙、杜延年、刘德、梁丘贺、萧望之、苏武凡十一位功臣的肖像以示纪念和褒扬。于是麒麟阁成为后世功臣的代称。汉文帝时周亚夫率领军队驻扎细柳，周亚夫以治军严著称，连汉文帝入营慰劳军队也不得不遵守军营的规矩而'按辔徐行'。严中英先生这两句诗盛赞朱德业绩之伟，足以藐视汉代霍光、张安世等功臣；而朱德声望之高，则远在驻军'细柳营'的周亚夫将军之上。"

1927年12月，朱德率领的起义军在连续打了几次胜仗后，又取得了1928年初湘南暴动（当时称"年关暴动"）的胜利。后由于当时"左"倾盲动路线的错误，起义部队不得不退出了湘南。1928年4月28日，朱德率领南昌起义留下来的起义部队和湘南地方武装"在宁冈县的砻市同毛主席直接领导的工农革命军胜利会师了，于5月4日在砻市召开了庆祝会师大会，宣布成立了工农革命军第四军（以后改称红四军）。从此在毛主席的直接领导下，我们这支工农红军的主力就日益发展、壮大和坚强起来了，在巩固和发展井冈山革命根据地的斗争中，取得了许多重大的胜利"[①]。

1933年冬，严中英从黄埔军校第八期炮兵队毕业，1936年从陆军大学第十二期毕业。1938年，经范石生军长及龙泽汇同学推荐，被第一集团军总司令卢汉任命为总部高级参谋。

1940年9月，日本侵略军自越南海防登陆，占领越南，陈兵滇南边境外围。做沿滇越铁路进犯昆明之准备，妄图以此截断滇越、滇缅国际交通线，并威胁我国抗战大后方，情势危急。1940年12月初，严中英受命于危难之中，被卢汉任命为第一集团军总

①朱德：《从南昌起义到上井冈山》，《人民日报》，1982年8月1日。

司令部少将参谋处长。1941年春，奉令拟订滇南防御计划，并率总部部分幕僚视察各部队国防工事构筑及兵力部署，并加强情报工作，组成“铜墙铁壁”，随时准备迎击消灭来犯之敌，最终取得了“拒敌于国门之外”的重大胜利。

1945年5月，严中英调任九十三军参谋长，抗战胜利率军入越受降时，兼任河内警备司令部参谋长。后蒋介石下令调第六十军及第九十三军到东北打内战，严中英即辞去参谋长一职。1946年6月，云南省政府主席卢汉任命严中英为第六行政区（玉溪、新平等）专员，在专员任内严中英多次支援中共领导的“边纵”游击队（拨给枪支弹药等）。1948年9月，因不执行“云南警备总部”总司令何绍周“逮捕中共地下党员余卫民”之电令，被蒋介石加以“通匪、济匪”罪名撤职关押。1949年3月被卢汉释放，同年5月，通过黄埔八期同学费炳（中共党员）的介绍，参加中共地下党昆明市委（书记陈盛年）领导下的“新民主主义军人同盟”。7月，严中英任军人同盟组织后勤支部副书记。接受任务利用自身的社会关系，争取国民党军政人员率部参加起义，[①]保护各单位的档案物资，直至军事接管。

军事接管工作结束后，中共党组织介绍严中英参加“二野”四兵团工作。1950年6月，任“军大”高级研究班区队长，1951年2月任省人委参事室参事。不久即受到不公正待遇，被错误定为“历史反革命”，扣上“战犯”帽子送抚顺战犯管理所关押审查

①当时通过“军盟”，是在地下党领导下参加起义的。有先兵第十三团团长王栩，他策动宪兵教导团团长常德率部起义，接受改编。又有第四运输处处长杨友柏，起义后，保护档案物资，有各型汽车1100多辆。滇缅、昆筑及曲靖到泸州各线的交通物资很多，照册移交军事接管。在盟组织策动下起义的，还有联勤总部四三补级分区司令部及所属二十多个库、站、所的军用物资以及第八财务箸黄金万余两，全部移交军事接管。（严中英：《回首八十二度沧桑岁月》第7页。）

24年。1975年3月，最高人民法院查明真相，予以平反昭雪。[①]严中英回到人民行列，回到干部岗位，任省政协委员、省人民政府参事室参事。1975年3月10日，严中英为叶剑英元帅在北京人民大会堂接见全国24位起义人员之一。严中英在1987年7月所撰回忆录中感慨地写道："极左势力磨灭不了我爱祖国的热忱，也阻挡不了我紧跟时代前进的步伐。八十二度沧桑岁月过去了，现在我又与战友们在党的领导下，为社会主义事业、为祖国的和平统一献出余热，以报答党和人民。"

从严中英的回忆录中可以看出，是当年"马列瞻襟愫，胸藏百万兵"的朱德将军与他们的"坪石畅叙"对他本人产生了重大的影响，才会有他在抗战时期受命于危难之中的坚守和奉献，才使他在决定中国命运的历史大潮中倾向共产党，支援"边纵"游击队，保护中共地下党员并为策动1949年12月9日成功的云南起义和随后顺利的军事接管做出了重大贡献。

当年，严中英一句"长缨为民请，大道以天行"的诗句，既是对朱德将军"坪石畅叙"的领悟和礼赞，又是对自己的勉励和鞭策，是一盏明灯，始终照亮着他沧桑岁月的心路历程；不向命运低头，不在逆境中颓废，始终坚持理想信念，终于迎来了拨乱反正、正本清源的春天。

三、师道泽被育英才——叶剑英讲武堂生涯中一份重要的师生关系及其影响

在云南陆军讲武堂历史博物馆展示的有关叶剑英元帅的文物中，有两件东西特别珍贵，被称为讲武堂历史博物馆的"镇

---

①1975年3月10日，叶剑英元帅在人民大会堂接见全国24个起义人员，并举行聚餐。3月23日严中英接中央统战部请柬，在北京饭店陪同党和国家领导人，接见黄维等293个特赦释放人员。接见时，还拍了电影。接见后，入席就餐。（严中英：《回首八十二度沧桑岁月》第8页。）

馆之宝”。一件是叶剑英在云南陆军讲武堂第十二期炮兵科的毕业证书，该证书由云南督军唐继尧、校长唐继虞联署签发，颁发时间是1919年12月22日，证书标明“第十二期炮兵科学生最优等”，这是对叶剑英讲武堂学业的充分肯定和最好褒扬。据悉该证书是在云南陆军讲武堂百年诞辰之前，由叶元帅的儿子叶选平赠送的高仿真复制件，原件属国宝级文物。据军史专家陈予欢先生讲述，该证书一颁发到手，叶剑英即将毕业证书寄回到广东梅县老家（报喜），历经90年风雨沧桑仍然完整无缺，是所有讲武堂毕业证中收藏品相最好的，不能不感叹叶氏家族之家学渊源源远流长。

2016年秋，云南陆军讲武堂为五华区文物管理所原所长杨安宁先生举行了一个捐赠文物仪式，杨安宁先生捐赠的物品中除滇军行军马灯外，就是已被鉴定为国家二级文物的1919年叶剑英在讲武堂的毕业照片（原件）。这张毕业照是前几年杨安宁先生从古玩市场淘宝得来的，是当年青年叶剑英在昆明艳芳照相馆留下的珍贵影像。照片右边是青年叶剑英用毛笔一笔一画写的题词：“唐继尧师长惠存。”肖像左边写着：“云南讲武堂第拾贰期第玖名学员叶剑英拜赠。”该幅照片已被收录进2015年出版的《云南陆军讲武堂》（图片集），据悉这是目前云南陆军讲武堂历史博物馆收藏到的唯一一件国家二级文物，是继叶元帅的毕业证之后的第二件“镇馆之宝”。

在青年叶剑英眼中的唐继尧将军，没有中央任命的封疆大吏的赫赫威名，所以他对经常到讲武堂讲课且平易近人的一省之督直呼为“师长”（对老师的尊称），可见叶唐师生关系之亲密之平等并贯彻始终。当个人的成功和荣誉到来之际，他首先想到的是把毕业证书和毕业照寄赠给最亲近的家人和师长。2007年5月，主旋律影片《青年叶剑英》在云南陆军讲武堂开机拍摄，据悉唐继尧的个人形象和叶唐师生关系与史实仍有不符之处，这是唐继尧将军个人形象和叶唐关系长期被扭曲的“惯性”使然，还得云南人坚持不懈地还原历史的真相。

值得一提的是，1920年1月30日，叶剑英又获得唐继尧亲自签发的陆军炮兵少尉的任命书，这是一份对12名讲武堂毕业生的集体任命书，最优等生叶剑英理所当然被排在第一位。

唐继尧执掌滇政期间（有学者称为“唐继尧时代”），经常去云南陆军讲武堂给师生现场授课、与师生对话及面对面交流。由于历史原因，有关这方面的史料非常少，讲稿也难见踪影，他推崇并身体力行的“精神教育”被后人做不同解读，唯一一则流传较广的学员“质疑督军”（有说是“质问”）的故事，虽预设立场、褒贬分明，但仍具有一定的可信度。本文照录如下：

> 唐继尧标榜自己是王阳明的信徒，并以“阳明学说”作为“精神讲话”，多次到讲武堂进行宣讲。
>
> 一次，唐继尧到讲武堂讲话，再次讲起王阳明的“知行合一”学说，声称“未有知而不行者，知而不行，只是未知”，“行之明觉精察处便是知，知之真切笃实处便是行”。并问学员：阳明先生的学问深知瀚海，敝人略说一二，不知诸君领会没有？如有不明者，可以发问。
>
> 叶剑英遂站起来质疑道：“请问王阳明先生的‘知行合一’与孙中山先生的‘知难行易’是否一致，有何异同之点？”[①]……唐继尧面对质疑无言以对，支支吾吾，敷衍几句就下台去了。

为师为长为一省之督有深厚国学基础的唐继尧将军，把自己与讲武堂学员的关系称之为“敝人”与“诸君”的关系，何

①汤明珠、高振云：《论云南陆军讲武堂第十二期》，《百年军校 将帅摇篮》，云南人民出版社2010年版，第318页。

其谦逊，何其“礼贤下士”。他在“精神讲话”中，为人师表，弘扬中华优秀的传统文化和美德。唐继尧在向讲武堂“力行”的“精神教育”中提出：“要以阳明之学充实体，以曾（国藩）、左（宗棠）之行立定事业。”他赞赏并践行王阳明的“致良知”“知行合一”“知行并进”学说，认为“成事万物之理不外于吾心，心明便是天理”，“人们只要除去私欲蒙蔽，依照良知去做，便自然合乎道德标准；‘行之明觉精察处便是知，知之真切笃实处便是行’”。“60后”川籍诗人陈子弘先生认为，王阳明提出的“良知”是“他对自我内在超越和挽救时代危机的伟大情怀”。

早在1915年，唐继尧在为其日记所作的“序言”中论述了“精神”的作用与地位。他写道：“志向者，事业之父也；精神者，事业之母也。以一生之精神，利天下之苍生，自始至终，无一毫利也。”唐继尧自幼便博览群书，从中华优秀传统文化中汲取精神力量，尤其喜读明代“心学”大师王阳明的经典论著。作为明代最伟大的哲学家、军事家、政治家和教育家的王阳明，是中国历史上公认的“立德、立功、立言”的“三不朽”人物。近代以来，“从龚自珍、魏源到康有为、梁启超、谭嗣同，从章太炎到孙中山、蒋介石、唐继尧等人，都曾在不同程度上推崇阳明学，强调‘以心挽劫’，提倡以精神的力量救国救世。当代的新儒家，对阳明学也给予了很高的评价”[①]。1919年12月22日，22岁的叶剑英以讲武堂炮兵科第十二期最优等生成绩，获得唐继尧亲自签发的毕业证书。足见唐继尧对这位“勤学好问”的华侨学员的偏爱和肯定。

唐继尧与叶剑英的“学堂对话”至今已有近百年的历史。对于“知行合一，知难行易”的异同问题，笔者以为，前者讲的是

①张巨成：《唐继尧与阳明学》，《百年军校 将帅摇篮》，云南人民出版社2010年版，第287页。

"知与行"实践前的方法问题，"力行，乃为致知，致良知"。宜采取"知行合一，学思合一，教学做合一；学用结合，学以致用"的方法等。后者讲的是"知与行"实践中的认识问题，不论是"知难行易"，还是"知易行难"，都存在一个因人而异、因时而异、因地而异的认识和理解问题。在"学堂对话"的史料中，唐的对答疑被人故意删除、隐瞒或是后来为迎合时代需要进行编排，今天我们有责任正本清源。

近年出版的中共党员干部读物之一的《党员干部国学必修》一书，在"名著概述"中介绍了收录王阳明（王守仁）语录和论学书信的名著《传习录》，并把这本书称为"'致良知'的道德修养论"，文中写道："'传习'一词源出自《论语》中的'传不习乎'一语。王守仁的弟子徐爱自正德七年（1512年）开始，陆续录下王守仁论学的谈话，取名《传习录》。"全书包括王守仁的主要哲学思想，系统地阐述了他的致良知、知行合一、心物合一、天人合一、与天地万物为一体等思想。在传播王守仁的思想方面起了主要的作用，也是研究王守仁思想及心学发展的重要资料。

王阳明（1472—1529年），原名云，后改名守仁，字伯安，浙江余姚人。因在绍兴会稽山阳明洞侧筑室攻读，创办阳明书院，别号阳明子，世称"阳明先生"。他创立了阳明学派，亦称"心学"，其门生后学遍天下。为官至南京兵部尚书，因镇压农民起义和平定"宸濠之乱"，封新建伯。著有《王文成公全集》，其中《传习录》和《大学问》是重要的哲学著作。其德行、事功，至今仍受到读书人的敬仰，可见其非凡的人格魅力。

《传习录》在中国古代哲学史上有着重要的地位。它所阐发的心学思想，对于把人们的思想从程朱理学的长期束缚中解放出来起了很大的作用，因而流传广泛，影响深远。直到今天，王阳明的思想在当代新儒家中仍有其深刻的影响。近几年出版了不少有关《传习录》的研究著作，其影响已远至日本欧美。钱穆先生把它和《论语》《孟子》《老子》《庄子》《六祖坛经》《近思录》一起列为“中国人所人人必读的七本书”。

该书对“知行合一”的解释是：认识事物的道理与在现实中运用此道理，是密不可分的。源自《传习录》上卷：“只是个冥行妄作，所以必说个知，方才行得……某今说个知行合一，正是对病的药。”

唐继尧在为云南大学校训作的“序言”中说道：“继尧幼承家学，服膺《传习录》。少长读《文成全书》及《理学宗传》《明儒学案》诸名著，体之于心，验之于行，窃窃奉行之以为宗。比来世变日纷，阅事更广，益信自治治人，王学最为直接，以无善无恶为心体，以为善去恶为功用；以致良知为始，以知行合一为归。加之以物质科学，参之以世界文化，端趋向，宏造就，光大中华之儒术，补助吾滇之学风。撮其要旨，列为四条：于以尊人格，正人心，宏人道，立人极。阐旧学而培新知，造通才而应世变，庶有济乎！姚江有言：愿得豪杰同志之士，扶持匡翼，共明良知之学于天下，使天下之人，皆得自致其良知，以相养相安；去其自私自利之弊，以跻于大同。区区此心，亦犹是耳，诸生勉乎哉。”[①]这区区数百字的序言，文笔极优美，目的极明确，胸怀极广阔，心地极敞亮。

民国初期，仕人识者咸以筹建大学为治滇要图。1918年，滇、川、黔议会有三省联合办大学之雏议。翌年，社会各界或请愿议会，或建议政府，纷纷促办大学。1920年，会泽唐公既护法摧帝制维共和，纪思振兴文治，以奠国基。会其时，滇省方苦建立大学之匪易，遂慨然引为己任，极筹极备。事垂成而辍于政变。1922年，公（指唐继尧）还主滇政，仍践夙议，定翘楚之校

①唐继尧：《东陆大学校训并序》，《东陆校刊》，中华民国十二年秋季出版，第一号。

址（校园环境有嘉喻：左金马、右碧鸡，枕蛇山、面翠湖，东陆大学四周风景绝佳，借山光以悦人性，假湖水以静心情，有让莘莘学子获超然世外之感，能寓万籁空寂之中悟通返真。以其建筑之庄严灿烂，并擅此湖光山色，不啻在中国西南方面辟一新世界焉。亦有佳赞：东陆美景，乃云大校园之身；贡院历史，为云大校园之源；学术精神，是云大校园之本）攒集腋之经费，筚路蓝缕；阅六月而立校。至是，滇中最高学府东陆大学始欣然有基础，咸进步，扬文化之波，播科学之种，百务繁荣，斯为筌蹄。自斯校开创，公提斯辅翼，罔闲始终。知思想之不宜囿束也，则以自由研究为教旨，衔以"发扬东亚文化，研究西欧学术"为宗津。他如奖掖勤修，嘉惠苦学，筹措校费，建筑校舍，购置图书，凡所以为学子谋者，无微不至。更鉴之思潮之庞杂也，欣以"自尊、致知、正义、力行"教诲诸生。是后，1923年4月20日——东陆大学成立之日，同是首座教学大楼会泽院奠基暨开学典礼之时，大学创建人唐继尧颁布以"自尊、致知、正义、力行"为大学之校训。

今日诠释校训宏义，以对云大始祖唐继尧追其功，彰其德（按：20世纪50年代初，云南大学工会委员会曾予会泽唐继尧故居立有红底金字"雲大始祖"横匾，该匾今日仍高悬故居中堂）。而从唐继尧为云南大学制定的"校训"中，可以探寻到他在讲武堂推行"精神教育"的实质。

2016年春季，云大获赠国务院前副总理李岚清同志篆刻的"自尊、致知、正义、力行"云大校训木质印章，这不仅是他对边疆教育事业的深情关怀和对云大师生的殷切鼓励，也是他对校训制定人唐继尧将军的一个"世纪的敬礼"！

唐继尧不仅在讲武堂的"精神教育"中向学员们宣讲"阳明学说"，还把《王阳明全集》作为奖品奖励给毕业班的优秀学员，我们不知道作为毕业班最优等生的叶剑英是否荣获了这种奖励，但从毕业照片上青年叶剑英那种精神饱满、英姿焕发，一脸“英雄豪气”的神态上，真能看到他满载而归的“文才武略”和“把剑长歌气压轩”（叶剑英诗）的冲天豪气，叶剑英后来在疆场上为党和人民立下的卓越功勋证明了这一点。

唐继尧在向云南讲武堂推行闪耀着中华传统文化光辉的“精神教育”中，“怀以德，抚以恩，激其志，服其心”，使广大讲武堂学员无不受益匪浅。在整军经武成就讲武堂“将帅摇篮”和滇军“国之劲旅”及后来的“抗日劲旅”艰难辉煌的铁血征程中，唐继尧产生的重要影响及创建的卓越功勋将永载史册！

（陈秀峰，云南陆军讲武堂研究会理事、云南省飞虎队研究会副秘书长、昆明市政协文史委顾问）

记方国瑜致柴德赓书札

高国强

柴德赓（1908—1970年），字青峰，浙江诸暨人。1929年考入北平师范大学历史系，师从陈垣、邓之诚、钱玄同等名家。毕业后，先后在安庆中学、杭州一中任教。1936年回北平，在辅仁大学及附中任教。曾任辅仁大学历史系教授、北京师范大学历史系教授兼系主任。1955年，调往江苏师范学院（今苏州大学），任历史系教授、系主任。他学识渊博，精于文史，在目录学、史料学、学术史、五代史、明清史等领域均有深厚造诣。点校有《新五代史》，著有《史学丛考》《史籍举要》《清代学术史讲义》等。

历史学家方国瑜是柴德赓在北平师范大学读书时的学长，同为陈垣（援庵）先生的得意弟子。1935年9月，方国瑜赴滇西边区考察，次年夏回到昆明，经袁嘉谷等人挽留，遂任教云南大学，自后与同门师友以书信互通消息。柴念东编注的《柴德赓来往书信集》收录了方国瑜1947年2月23日写给柴德赓的书札一通，全文如下：

德赓学兄史席：

拜读十三日手教并大著二首，宛如曩日促膝论学，不意别十余载，地距万里矣。瑜自归滇教读于云大者十又二年，乱离之日，未尝奔驰之苦，亦未尝遭祸害。避地山野，思之犹饶余味，然因地限，所读书不出乡邦文献，伏案自娱者亦囿此，将自嗤为井底蛙矣。

数岁前，陈玉书兄居昆明，与言我辈数人出所能，为集刊专册，为陈先生寿，所可报教诲之恩者仅此，不可不作。自玉书他去，经久未获通书，惟思同辈之在北平者多，希商议为祷。

时令回春，然北地冰冻未解；闻煤荒，所盼温和者当更切。昆明四季如春，柳枝已黄，遥念故人，更觉凄楚。书不尽怀，恳向陈先生前候安为祷，尤请宥瑜疏书之罪，见同门诸友祈为致意。匆匆草此，敬请

撰祈

弟方国瑜谨上二月廿三日[①]

此札虽然篇幅不长，但涉及抗战期间柴德赓的南行经历，方国瑜与陈垣、与陈垣弟子之间的交往故实，以及方国瑜的治学旨趣、个人性情，宜作文记之。

一、柴德赓南行

方国瑜云“拜读十三日手教并大著二首”，“手教”即来信，“十三日”即1947年2月13日，则此札是方国瑜给柴德赓的回信，柴德赓给方国瑜写了些什么，我们暂时无从查考。所谓“大著二首”，是指柴德赓本年1月30日所作的两首绝句，题为《丁亥（1947）新正初九阳历一月三十日为余甲申（1944）南行之期作

①柴念东编注：《柴德赓来往书信集》，商务印书馆2018年版，第192页。此札亦影印收入《青峰草堂往来书札》，商务印书馆2015年版，第15—17页。

二绝句呈援师并示诸友》，“南行”是柴德赓人生中非常重要的一件事，不可不说。

抗战期间，北平沦陷，辅仁大学因是教会大学，故尚能独立办学。1943年底，汉奸曹汝霖将出任辅仁大学董事长，柴德赓得悉此事后，即与陈垣相约离开辅仁，他说：“曹汝霖是日本帝国主义的走狗，我们读中学时就喊口号‘打倒卖国贼曹汝霖’，怎能在这种人手下工作。”但陈垣因故未能成行。[①]1944年1月30日（正月初六日），柴德赓举家离开北平，行前他给陈垣留了一首诗，其序云：“余立志南行，期在明日。援庵夫子早有同行之约，部署已定，而校务长雷冕等涕泣相留，遂不果行。今夕余往辞别，师劝勉之余，继以感喟，余泪下不能禁。……甲申正月初五夜。”诗中略云：“八载胡尘污乾坤，忍饥读书乐晨昏。迟迟未肯言去国，总缘河朔重师尊。……吾道忠恕不相违，去留终须合大义。……年年无限家国恨，并向寒灯泪满襟。……明朝挥手从兹去，回首师门肠内热。”[②]柴德赓的忧国之心、尊师之情，于斯可见，今日读来，犹深自感动。离开北平后，柴德赓先后到洛阳、西安，又复辗转入川，乃“应台静农、魏建功等友人邀请，搭船到白沙，任国立女子师范学院历史系副教授兼图书馆馆长”。“抗战胜利后，国立女师因迁校问题发生学潮，他带头反对当时的教育部部长朱家骅，揭露其在学校搞特务统治的嘴脸，并担任教授会秘书，起草各种宣言、启事，与教育部公开论战，驳得对方招架不住，与台静农等三人被解聘。”[③]1946年9月，柴德赓离开白沙，回辅仁大学任历史系教授兼系主任。

①何荣昌、张承宗、柴邦衡：《青峰永在——柴德赓先生传略》，何荣昌、张承宗、柴邦衡主编《百年青峰》，苏州大学出版社2007年版，第4页。

②柴德赓：《偶存草》，何荣昌、张承宗、柴邦衡主编《百年青峰》，苏州大学出版社2007年版，第34页。

③何荣昌、张承宗、柴邦衡：《青峰永在——柴德赓先生传略》，何荣昌、张承宗、柴邦衡主编《百年青峰》，苏州大学出版社2007年版，第4页。

1947年1月30日，正值新正时节，又是回到北平的第一个新年，柴德赓想必感慨万千，遂有此诗，诗中写道：“蜀栈秦关忆往年，春风吹梦入幽燕。江山万里轻来去，尚有人间未了缘。”“记曾慷慨出都门，虏骑仓皇日正昏。昨夜沉吟思往事，疏星淡月了无痕。”自注：“是日邀援师及（刘）乃和姊弟来寓午餐，饭后同至北海公园，师所谓‘遵海而南，履冰而北’者也，不可不记。”[①]这两首绝句，既有对西征、南下的咏叹，也有对师友之谊的感念。而在滇南的方国瑜读后，则想起了从前促膝论学的情景，忽忽十几年过去了，如今各在一方，不胜慨叹。

至于方国瑜与柴德赓的交往，现在见到的资料非常有限。钱玄同《章太炎〈清代学术之系统〉演讲笔记的附记》载：“一九三一年二月廿九日，章太炎先生来平。三月卅一日，师大研究院的历史科学门及文学院的国文系和历史系合请先生为学术的演讲。”时柴德赓为历史系大三学生，做了详细笔记。钱玄同“把它看了一道，觉得柴德赓君所记大体都对，但亦间有未合之处，于是把它略略修改了一下。……当柴君把这篇笔记誊清了，托方国瑜君交给我的时候，太炎先生尚未离平，我请他自己看看，他对我说：‘你看了就行了。’”[②]这是除信札以外，又一段记载，略可窥知彼时方、柴的关系。如果想要了解他们更多的交往事迹，只能留待异日了。[③]

二、方国瑜的治学旨趣

相较于柴德赓的颠沛流离、万里飘零，方国瑜则幸运得多，

---

①柴德赓：《偶存草》，何荣昌、张承宗、柴邦衡主编《百年青峰》，苏州大学出版社2007年版，第40页。

②见1934年3月《师大月刊》第10期。

③按：柴念东先生正在编纂《柴德赓全集》《柴德赓年谱长编》，其中或许有相关资料。

如同他所自述："自归滇教读于云大者十又二年，乱离之日，未尝奔驰之苦，亦未尝遭祸害。避地山野，思之犹饶余味。"

方国瑜又云"然因地限，所读书不出乡邦文献，伏案自娱者亦囿此"，谓其治学旨趣已由语言文字学转向云南文献和边疆史地研究。早在20世纪20年代末30年代初，方国瑜就已开始有意识地研究西南边疆，而这种转变实源自他"对家乡的热爱、对国家的忠诚，知识分子以天下为己任的责任意识"[①]。根据《方国瑜年谱》，我们可以清晰地了解到他在云大这10年间的学术活动：1937年发表《唐蒙两国信使录》（《教育与科学》第一期）、《汉魏六朝之琉璃故事》（《教育与科学》第二期）、《巴黎图书馆藏敦煌三十字母残卷跋》（《云南大学特刊》）；1938年，受聘为云南通志馆编审员，并与向达等人主办《西南边疆》杂志，在《西南边疆》第一、二期发表《班洪风土记》；1939年发表《马可波罗云南行纪笺证》（《西南边疆》第四期）、《僰人与白子》（《益世报》边疆栏目）；1940年发表《读伯希和〈交广印度两道考〉》（《西南边疆》第八期）、《卡瓦山闻见记》（《西南边疆》第十、十一期）；1941年，协助李根源编辑《永昌府文征》，参与腾冲、保山、路南等县志的编纂，发表《云南与印度缅甸之古代交通》（《西南边疆》第十二期）、《大理段氏与三十七部会盟碑跋》（《图书季刊》第三期）；1942年，任云南大学西南文化研究室主任，发表《裸黑山旅行记》（《西南边疆》第十四、十五期）、《宣光经幢跋》（《云南大学学报》国立云南大学廿周年纪念特刊）；1943年，出版《滇西边区考察记》；1944年发表《么些文字考》（《民族学研究集刊》第四期），在《正义报》边疆栏目40、41、43期发表《戛鸠誓江碑考》《蛮莫威远营众碑跋》《云南用贝

①潘先林：《家国情怀，书生本色：方国瑜先生的中国边疆学研究》，林超民主编《西南古籍研究》（2015年卷），云南大学出版社2015年版，第315页。

之来源并略论古代云南对外贸易》；1945年发表《跋王宗载〈四夷馆考〉》（《东方杂志》四十一卷十三期）、《猛乌乌得》（《云南日报》3月21日）；1946年10月，完成《抗日战争滇西篇》，发表《孟孝琚碑跋》（《边疆人文》第三期）、《云南分省议》（《正义报》5月12日社论）、《明代云南之中原移民》（《正义报》11月3日星期论文）、《遣发整编军余屯守边疆私议》（《民意日报》4月28日星期论文）。①

以上统计并不完备，但也可看出方国瑜的研究领域主要在西南边疆史地，并取得了卓越成就。这些成就兼具全国性的视野和历史整体性的关怀，而他却“自嗤为井底蛙”，实过谦也。

三、方国瑜与陈述

方国瑜在信中提到的陈玉书，就是著名的民族史学家、辽史专家陈述。他与方国瑜交往几十年，“亲密无间，情若金兰”②，颇有可说者。

陈述（1911—1992年），字玉书，河北乐亭人。1935年毕业于北平师范大学，1935—1940年任中央研究院助理研究员。先后任教于东北大学、复旦大学、暨南大学、燕京大学、中央民族学院。曾任中国社会科学院民族研究所研究员、国务院古籍整理出版规划小组顾问、中国辽金契丹女真史研究会会长。著有《契丹史论证稿》《校辑辽文汇》《契丹社会经济史稿》《辽史补注》等。

1929—1935年，陈述在北平师范大学历史系学习，是方国瑜的好友。那时，两人同是住校生，每逢节假日时，“常常同出同入，一起度过课余时光”，而且“无话不谈，无事不相帮”，情

①方福祺：《方国瑜传》附录《方国瑜年谱》，云南大学出版社2001年版。其中偶有错字，今悉径改。

②陈正：《我的父亲与方国瑜》，景爱编《陈述先生纪念集》，内蒙古教育出版社1995年版，第99页。下引自该文的，不再出注。

谊甚深。

1934年，方国瑜到中央研究院史语所学习语言学，并整理纳西象形文字。次年，陈述大学毕业，也到了史语所工作，专攻辽金史。1936年，方国瑜中断在史语所的学习，到云南大学任教。抗战爆发后，陈述携带家眷随史语所迁到昆明。甫至滇会，方国瑜和杨武之设宴招待了史语所的同人。①

方国瑜和陈述都是陈垣的学生，深得陈氏之真传。他们在治学方面极强调搜集一手资料的重要性，且有访碑之爱好。陈述到昆明没多久，方国瑜便邀他至各处访碑，并偕往筇竹寺，“在大雄殿获睹《筇竹寺白话碑》，又在殿后坡头，见雄辩、玄坚、无相诸碑，后与裱书铺吴沛南议，请至城郊各处拓碑，得十数通，此碑阴刻蒙古文，尤为难得，即写文考说，收入《云南通志·金石考》”②。1938年春，方国瑜与吴晗、闻宥、陈述诸人托吴佩南至昆阳拓数张马哈只墓碑，后北平图书馆馆长袁同礼至昆明又拓20余份，分寄国内图书馆、博物馆，流传较广。③

1939年，陈垣六十寿辰，陈述乃提议编写纪念文集，以报师恩，即信中所说“为陈先生寿”。1940年冬，陈述被借聘到内迁至四川省三台的东北大学史地经济研究室（后改为“文科研究所”）任研究员，编辑文集之事就没了下文，所以直到1947年，方国瑜仍希望在北平的同学商议为之。不过，陈垣寿辰之日，在北平的辅仁大学教授沈兼士、张星烺、英千里、高步瀛、余嘉锡、郭家声等19人一起送给陈垣一堂寿屏为其贺寿，高步瀛撰寿序，余嘉锡隶书撰写，这就是《陈援庵先生六十寿序》。序文记陈垣简历、品

①刘凤翥、陈智超：《陈述先生忆往事》，《中国史研究动态》1992年第3期。

②方国瑜：《昆明筇竹寺白话碑概说》，《云南史料目录概说》（下），中华书局1984年版，第1069页。

③方国瑜：《伟大的航海家郑和父马哈只墓碑跋》，方国瑜著、林超民编《方国瑜文集》（第3辑），云南教育出版社2003年版，第391页。

德，并将其60岁以前论著“提出重点，写出提要”，从征信、勘误、订历、阐幽、旁通、博考6个方面论述了陈垣的学术成就。末云：“庄周之论，不愧博大之名；徐幹有言，是为声闻之寿。昔伏生九十，犹诵尚书；曹宪二百，能传广雅。况先生受天之祜，味道之腴。和神广莫，合万有而皋牢；定性大湫，备六气之淳罳。”认为陈垣的学术博大精深，现在的名望亦是当之无愧。此序是对陈垣学术的阶段性的概括，“对仗工整，用典精赡”，是一篇水平很高的骈体序文。[①]陈垣对此很是满意，“认为这才不是空洞堆砌的骈文”[②]。他为答谢同人盛情，“特用觯斋（郭世五特制）宣纸石印成册，每页一幅，前后加素白扉页，香色染宣封皮，丝线装订，印数百册，馈赠师友”[③]，至今已是珍贵文献。远在西南的方国瑜、陈述若知此事，定会倍感欣慰。

陈述到了四川依然保持着与方国瑜的联系，他曾抄《元混一方舆胜览》“云南行省”部分寄赠方国瑜，时方国瑜“居乡村，考究滇史，得此书以为快事”[④]。抗战胜利后，陈述任上海复旦大学教授，兼任暨南大学教授。1947年，陈述回到北平任国立北平研究院史学研究所研究员，兼任燕京大学和中法大学教授。1948年回北京师范大学任教。1952年调任中央民族学院。而方国瑜则一直在云南大学从事教学研究工作。

1949年以后，陈、方一在北京，一在昆明，“研究的领域虽然不同，但同属于民族学、民族史范围，有许多机会对感兴趣的

①刘乃和：《浅释援师六十寿序》，《历史文献研究论丛》，广西师范大学出版社1998年版，第255—273页。刘乃和：《陈垣年谱》1939年条，北京师范大学出版社2002年版，第142页。

②启功：《夫子循循然善诱人——陈垣先生诞生百年纪念》，陈智超编《励耘书屋问学记》（增订本），三联书店2006年版，第145页。

③刘乃和：《浅释援师六十寿序》，《历史文献研究论丛》，广西师范大学出版社1998年版，第256页。

④方国瑜：《元混一方舆胜览概说》，《云南史料目录概说》（上），中华书局1984年版，第235页。

问题相互切磋、互通音信”。每次陈氏南下云南，或方国瑜北上开会，“他们都要互相看望。他们在一起除了谈论分别后各自的情况和变化外，还谈及家庭和子女，而更多的话题则是谈学问、谈时事，在许多方面，他们都有共同的兴趣、共同的追求”。

“文化大革命”时，陈正去云南生产建设兵团插队。临行，将去河南驻马店五七干校接受“改造”的陈述嘱咐道：“去云南后有什么事解决不了，可以找昆明的方伯伯，他和爸爸是一样的，有困难他会帮助你。”16岁的陈正，牢牢记住了父亲的话，“知道在云南还有一位像父亲一样的方伯伯，心里就踏实多了”。遗憾的是，陈正所在的兵团在远离昆明的河口，而且基本没有假日，也就没有机会拜访方国瑜。只是在回京探亲转车时，在方家住过几天，“每逢聚在一起时，总要问长问短，如同家人”。方国瑜到北京医治眼疾期间，陈述总要陈正“到住处接他来家叙谈，或陪他上医院、找大夫、取药，然后再送他回住处”，给了方国瑜极大的关怀。

方国瑜、陈述都是勤于治学的学人，两人的交往“是学者之交，君子之交”。“二人每有心得和著述总是想到要先寄给对方，使之能尽早分享收获的快乐。”陈述晚年，常常拿出方国瑜的赠书及他们的合影，“惦念着远在昆明的老友”，还常常向子女讲起他俩的交往和各自的学术建树。他非常欣赏方国瑜的为人和治学精神，并以此教育子女：“方伯伯研究的纳西族语言文字是很难攻克的学术难题，没有现成的模式与方法可循，除了刻苦探索、勤于积累、善于思考外，还要掌握科学的理论和方法。历史是一门综合性的学问，除读懂古籍外，还要了解哲学、伦理、政治、经济、文化、教育、民俗、宗教、社会、军事等方面的理论和知识。研究语言文字也一样，在纳西象形文字中，包含了一个民族对自然、社会、人文各方面问题的认识，研究的领域非常宽广，浅尝辄止是达不到方伯伯那样的水平的。”

为了纪念陈述与方国瑜的深厚情谊，陈述子女特地将陈、方两人的合影、通信以及方国瑜送给陈述的有关纳西语言文字研究的著述和工具书送给北京西山大觉寺的陈述先生纪念室，和陈述的遗物、赠书陈列在一起，见证着两位大学者的风范与友谊。

四、方国瑜与陈垣

方国瑜又云，“书不尽怀，恳向陈先生前候安为祷，尤请宥瑜疏书之罪”，陈先生即陈垣。

1924年9月，方国瑜考入北平师范大学预科。1926年预科毕业，同年11月因病离京返乡。1929年8月，方国瑜回到北平，直接进入北师大国文系二年级学习，其主攻科目即钱玄同教授的“中国音韵学沿革”。1930年，方国瑜在钱玄同的鼓励下，考入北京大学研究所国学门研究生。他先后师从钱玄同、余嘉锡、马衡诸先生治音韵、训诂、目录、校勘、金石、名物之学，且得高步瀛、吴承仕、黎锦熙诸先生启发教育，乃知读书门径，又从陈垣、梁启超、杨树达诸先生治史地之学。[①]而对方国瑜影响较大的则是陈垣。

方国瑜求学北京时，陈垣正着重于目录学、校勘学、年代学、史讳学的研究。1929年，陈垣任北平师范大学历史系主任。1931年，又任北京大学史学系教授、名誉教授。据说，陈垣见方国瑜习作《中国道教史》颇有见地，知方国瑜是边疆少数民族学生，十分赏识器重，指导他选修大量史学课程。[②]陈垣在北师大为一年级学生开设中国史学名著选读、史学名著评论等基础课，

①方国瑜：《略述治学经历》，方国瑜著、林超民编《方国瑜文集》第一辑《前言》，云南教育出版社2001年版，第1页。

②和志武：《南中泰斗：纪念方国瑜先生》，《读书》1984年第8期；林超民：《方国瑜先生传略》，方国瑜著、林超民编《方国瑜文集》第一辑《前言》，云南教育出版社2001年版，第8页。

方国瑜选修了这两门课程，以学习治学方法。[①]陈垣上课，常常事先出题让上课的学生在下一次上课时回答。方国瑜每次都认真准备，一次回答问题时，还提出资料补充陈垣所作《摩尼教入中国考》，得陈垣称赞。陈垣还让方国瑜到家里听他讲述自己撰写稿子的过程，方国瑜受益匪浅。陈垣告诉方国瑜，治学要在目录学上下功夫，还要多读笔记小说，并向方国瑜介绍日本、法国等国家的学者的考据学成就。[②]可以说，方国瑜由治语言文字学转治历史学，与陈垣的引导不无关系。

方国瑜回云南后，与陈垣以书信互通音讯。1940年3月，陈垣完成《明季滇黔佛教考》六卷，而后将相关材料、书目寄给身在昆明的陈寅恪。陈寅恪收到书目后，便到昆明西郊海源寺通志馆拜访方国瑜，“告以援庵先生嘱瑜提供资料”[③]。方国瑜这才知道陈垣在撰写《明季滇黔佛教考》，于是打算“取新得元碑数通，略作考说先覆之，将复收录明碑续寄”[④]。4月13日，方国瑜致信陈垣，告知近况，并询问《四译馆考》以及文矩《子山集》事，并告知他正在帮忙寻找资料。[⑤]陈垣得信，非常高兴。因陈垣没有《四译馆考》，而有《四译馆则》，便将《四译馆则》寄予方国瑜。[⑥]但因滇港印刷邮件停寄，便未付邮，因此向陈乐素打听另

①陈智超：《陈垣学谱》（稿），陈智超《陈垣——生平 学术 教育与交往》，北京师范大学出版集团、安徽大学出版社2010年版，第15—16页；方福祺：《方国瑜传》，云南大学出版社2001年版，第34页。

②方福祺：《方国瑜传》，云南大学出版社2001年版，第34页。

③方国瑜：《云南佛教之阿吒力派二三事》，方国瑜著、林超民编《方国瑜文集》第二辑，第601页。

④方国瑜：《云南佛教之阿吒力派二三事》，方国瑜著、林超民编《方国瑜文集》第二辑，云南教育出版社2001年版，第600页。

⑤陈垣在1940年5月30日写给陈乐素的信中说：“此是寅丈好意（对他说），我未求其（方国瑜）助我材料也。”方国瑜则在信中告知了查找资料一事。此句亦可见陈寅恪对后辈的深切关怀。见陈智超编《陈垣书信来往集》（增订本），三联书店2010年版，第1114页。

⑥按：方国瑜后从向达处借到钞本，读后撰跋，于1945年发表《跋王宗载〈四夷馆考〉》。

外一种办法是否可靠："又闻有一法，譬如寄方君件，写港通菜街八十三号陈宅方某某收，如陈宅接到此件时，即注此人已迁某处，退回邮局，即可寄去，不必另贴邮票云云。试打听此法能行否？"[①]当时，北平在日军控制之下，陈垣通信不便，所以就没有回复方国瑜。直到6月4日，陈垣才直接复信，言："拙著《佛教考》已付印，兹将目录寄呈。承询《四译馆考》，敝处无之，只有《四译馆则》，已付港转上，未知邮通否耳！文矩《子山集》见《元诗选》，陈旅《安雅堂集》有《四库》本，文中无关云南者，诗已托人代查，有则钞呈，无则作罢。谨此奉复，不尽欲言，见熟人幸为道候。……露封以便检查。"[②]方国瑜得此书，知《佛教考》已经付印，其"所收录亦未续寄"[③]。

7月13日，方国瑜又致信陈垣，说《四译馆则》收到，并将所作《唐宋间之云南佛教》呈上。31日，陈垣回复方国瑜："十三日手书并《唐宋间佛教》，略读一过，甚佩！拙著已印讫，正待订装。仆于西南文献，素乏讲求，此文聊寄所感，不值大雅一盼也。《四译馆则》系敬赠足下者，不必寄还。《闻见随笔》见《国粹学报》六十三期[④]，非冯书[⑤]也。《安雅堂诗》二首录呈，未必有用。玉书兄近状佳否？至念。专复，即颂撰安！陈垣谨上。七月卅一日。"[⑥]同日，陈垣给陈乐素信中则略抱怨方国瑜

①陈垣1940年5月30日致陈乐素书，陈智超编《陈垣书信来往集》（增订本），三联书店2010年版，第1114页。

②陈垣1940年6月4日致方国瑜书，陈智超编《陈垣书信来往集》（增订本），三联书店2010年版，第665页。

③方国瑜：《云南佛教之阿吒力派二三事》，方国瑜著、林超民编《方国瑜文集》第二辑，云南教育出版社2001年版，第600页。

④按：《旅滇闻见随笔》，一卷，不著撰人名氏。贵州衡古堂主人所藏雍正八年旧写本。记滇中明季遗闻琐事，末附沙定国之变，可补滇史之阙。

⑤冯书：指冯甦的《见闻随笔》，二卷，卷上记李自成、张献忠事，卷下记永历始末，对研究晚明史事有参考价值。

⑥陈垣1940年7月31日致方国瑜书，陈智超编注《陈垣书信来往集》（增订本），第600页。

"未有半条材料钞来"[①]。不过从方国瑜的回忆来看，陈垣错怪了他。方国瑜知《佛教考》已印，故未再寄送资料；而且方国瑜将代老师查找资料视为自己的荣耀，终生铭记，常常对人提起。[②]

1949年以后，方国瑜屡与陈垣欢晤，还曾留下弥足珍贵的合影。1965年7月，方国瑜到京参加整理杨守敬历史地图工作会。8月15日，与韩儒林一道拜访陈垣。[③]方国瑜曾以《汉晋时期西南山川考释》请教陈垣，"多蒙指点，乃再三修改，誊写清本。又因'四害'横行，未及先生批阅，而惊悉恶噩"[④]。时值"文化大革命"，方国瑜未能赴京凭吊，深感痛悼。1972年4月，方国瑜获准外出医治眼病，6月由幼女方福祺陪同到京，并拜谒陈垣故居，徘徊久之。[⑤]方国瑜感慨万千，不断向女儿诉说陈垣先生对他的谆谆教诲以及自己的思念之情。[⑥]陈垣诞辰百年之时，方国瑜将《汉晋时期西南山川名称考释》发表在纪念论文集中，以表达自己对先生的感念。

陈垣是20世纪中国历史考证学的领袖人物，是当之无愧的史学大师。他治学非常强调史料的作用，其著作也以引证宏富、考据扎实而著称。他曾对方国瑜说，历史上许多问题还不为人们所重视，要把他们提出来研究。但问题不是一次就能解决好的，要分步骤，要反复做。第一步是发现资料、收集资料、整理资料，要把资料弄清楚；第二步就是在第一步的基础上来扩大深

---

①陈垣1940年7月31日致陈乐素书，陈智超编注《陈垣书信来往集》（增订本），第1117页。

②丹仲其：《方国瑜教授访问记》，《史学史研究》1983年第1期。（文中记为1935年，误）

③刘乃和：《陈垣年谱》，1965年8月15日条，北京师范大学出版社2002年版，第237页。

④方国瑜：《汉晋时期西南山川名称考释》，《纪念陈垣诞辰百周年史学论文集》，北京师范大学出版社1981年版，第86页。

⑤方国瑜：《汉晋时期西南山川名称考释》，《纪念陈垣诞辰百周年史学论文集》，北京师范大学出版社1981年版，第86页。

⑥方福祺：《方国瑜传》，云南大学出版社2001年版，第36页注释。

入。[1]陈垣亦时常教诲方国瑜："你选择的研究题目，若前人已做出了不少成绩，那么你写的文章往往不陋则鄙。前人写的书你没有读到，结果你说的话，前人早就说过了，这就是'陋'；如果你看到了，却故意不提前人的名字，行同剽窃，这就是'鄙'。""你做一篇文章时不要老想拿给外行人看，应该想着拿给最内行的人看。"[2]"前人已研究过的问题，如果自己没有独出心裁的见解，就不要写文章。"[3]后来，方国瑜将其概括为"不淹没前人，要胜过前人"十字箴言，陈垣很赞赏这句话，说他总结得好。[4]方国瑜常常以之自勉，并以此教育学生。他一生谨记陈垣教诲，专心学问，认真做人，踏实做事，乐育后人，是"20世纪云南学术史上最明亮的巨星"[5]。

五、"文人"方国瑜

方国瑜自述："我的童年是在痛苦与孤独中度过的。……中学时……我自知天姿落人，'笨鸟先飞'，只好常常终日伏案咿唔……除了学习学校的课程外，那时我还利用节假日从和让（德谦）先生专攻诗词。我羡慕杜工部'下笔如有神'的宏才，也钦佩苏东坡'卷起千堆雪'的奇构，企望着自己有朝一日也能做一名诗人。但是，六年时间过去了，却终没能写出一篇像样的诗来。我彷徨了。"临去北京读书前，"和德谦先生诵严沧浪'诗有别材，非关学也；诗有别趣，非关理也'之句以赠，并指出我生性质朴，缺乏'才''趣'，但如能勉力，'学''理'

①方福祺：《方国瑜传》，云南大学出版社2001年版，第35页。
②丹仲其：《方国瑜教授访问记》，《史学史研究》1983年第1期。
③方福祺：《方国瑜传》，云南大学出版社2001年版，第35页。
④丹仲其：《方国瑜教授访问记》，《史学史研究》1983年第1期。
⑤林超民：《一代巨星昭千古》，《林超民文集》（第三卷），云南人民出版社2010年版，第9页。

可就。还说我能成为一个学人而却不能成为一文人”[①]。方国瑜确实没有成为诗人、作家，但他的文字却往往有文人之气。如此札“昆明四季如春，柳枝已黄，遥念故人，更觉凄楚”云云，固然体现了他对师友的关怀和惦念，但短短18字里隐然有淡淡的哀愁，透露了他内在的传统的文人气质。观其著作，似此文人情调并不鲜见，或追忆旧事，或感念故人，或隐刺时事，皆至情至性，不惟为其学术文章增添了些许韵味，也表明了方国瑜是一个深具人文关怀的学者。再观其书札字迹，笔意流畅，颇具气韵，自有一种文人气在。方国瑜学诗6年，虽未写出像样的诗作，但他完全受到了古诗文的浸润，骨子里乃有文人之雅。

笔者素来喜读学人书札，因其保存了许多鲜活的人事讯息和学术掌故；且旧时学人又多善书法，观之则赏心悦目，令人欢愉。方国瑜是20世纪史学大师，交游广泛，他的书札散在各地的当有不少，[②]如前文提到的方国瑜与陈述的来往书信，又比如笔者曾见到的方国瑜致方树梅、高德、邓经元等人的信函，其内容涉及方国瑜的观点、思想和趣味，亦有十分宝贵的学术资料（如关于西南文化研究室、《中国历史地图集》、纳西族研究等），足供治史者参考。若能将其搜集整理，将有功学术匪浅。

（高国强，云南大学图书馆馆员）

①方国瑜：《方国瑜自述》，高增德、丁东编《世纪学人自述》（第二卷），十月文艺出版社2000年版，第245页。

②按：方福祺《方国瑜传》、葛剑雄《谭其骧传》、张希鲁《西楼文选》收有若干通。

云南笔记史料三种概说

杨琴琴

“笔记之体，始于汉魏，兴于唐宋，盛于明清。”[①]笔记大多篇幅不长，语言精练，记述生动，多有文采，不像正史那样刻板；其内容则涉及社会经济、文化教育、政治制度、历史掌故、逸闻轶事等，反映了社会上的不同层面和历史的多元性，足可补正史之阙。而云南笔记史料尚未得到充分重视，所整理单行出版的也只有郭松年《大理行记》、张志淳《南园漫录》、檀萃《滇海虞衡志》、由云龙《滇故琐录》、罗养儒《纪我所知集》等少数知名的几种，研究论文亦不多见。[②]兹根据笔者平时所见，介绍三种云南笔记史料，为云南地方文献的搜集、整理、研究提供有

①来新夏：《清人笔记随录·自序》，中华书局2005年版，第9页。

②按：朱端强教授于此用力颇深，主要论文有：《云南史料笔记随录》，《昆明大学学报》2001年第1、2期；《日本所见云南游记三题》，《旅游研究》2009年第1期；《重视云南史料笔记的发掘》，《西南古籍研究》（2001年卷），云南大学出版社2002年版；《罗养儒先生稿本概说》，《西南古籍研究》（2015年卷），云南大学出版社2015年版；在《昆明史志》上连载的《云南史料笔记叙录》系列。此外，又有李寿：《跋云南史料笔记三种》，《西南古籍研究》（2001年卷）；杨林、段润秀：《云南史料笔记叙录》，《昆明大学学报》2002年第1期、2004年第1期；董晓京：《读〈南园漫录〉劄记》，《西南古籍研究》（2015年卷）；王飞虎：《滇语备忘录校注》，云南大学硕士论文2013年；裴新慧：《邓之诚〈滇语〉点校》，云南大学硕士论文2013年；王秋月：《邓之诚与〈滇语〉》，《史学月刊》2017年第9期。尚有其他论文，不再罗列。

益的借鉴。这三种笔记分别为：明谢肇淛《五杂组》[①]、清赵慎畛《榆巢杂识》和清袁嘉谟《冷官余谈》。前两种属宦滇学人笔记，内容广博，兼及云南；而第三种则是滇人笔记，专记云南掌故，但流传不广，鲜有人知。

一、谢肇淛《五杂组》

《五杂组》十六卷，谢肇淛著。

谢肇淛（1567—1624年），字在杭，别号武林。万历二十年（1592年）进士，历官湖州司理、东昌司理、南京刑部山西司主事、兵部职方司主事。万历三十七年（1609年）服阕，补工部屯田司主事，转员外郎。万历三十九年（1611年），转都水司郎中。后因治河有功而擢云南布政使司左参政兼佥事。天启元年（1621年），擢广西按察使，天启三年（1623年）晋本省右布政使，寻晋左布政使。[②]谢肇淛为官有政绩，且勤于著述，撰有《小草斋文集》《文海披沙》《风土记》《史考》等，而尤以笔记《五杂组》最为有名。

《五杂组》凡十六卷，内厘天部二卷、地部二卷、人部四卷、物部四卷、事部四卷。其内容涉及明代政治、经济、军事、文化、艺术、科技、民生、风俗等，可谓包罗万象，是研究明代社会历史的重要文献。

谢肇淛曾在云南为官，故书中有不少内容关涉云南。如卷三记："滇中大理石，白黑分明，大者七八尺，作屏风，价有值百余金者。然大理之贵，亦以其处遐荒，至中原甚费力耳。"[③]这样大的屏石，即使从大理运到昆明也是不易，更不要说运往内地

①按：《五杂组》之"组"字常误作"俎"。

②谢肇淛：《五杂组·校点说明》，傅成校点，上海古籍出版社2012年版，第1页。

③谢肇淛：《五杂组》，傅成校点，上海古籍出版社2012年版，第47页。

了。而明代云南大理石之采运进京更是成了人民的沉重负担，冯甦《滇考》载："点苍屏石，产大理府，虽不在外夷，然采艰运远，亦以累民。嘉靖十八九年（1539—1540年），曾奉取用，二年之外，始得至京。至三十七年（1558年），取方三尺五寸者六块，自本年六月至十一月，止行三百里，运至普淜，因重不能前进。四十年（1561年），又行取五十块，高六七尺不等，巡抚蒋宗鲁抗疏谏止，然当时取办，犹不论何项石纹。至万历二十一年（1593年），为两宫铺地，诏取凤凰石百余，求之益艰，供役者十死八九，惟高不过三四尺，人犹以为蒋公之力焉。"[①]袁嘉谷因此想起清道光时的故事，说道："道光中，阮元选石，石名更著，不闻虐民，盖给价也。"可见袁嘉谷将明朝廷的采运屏石视为"虐民"之举。[②]

卷四记："书言天下有九福：京师钱福……今以时考之，盖不尽然，京师直官福耳……钱福则岭南、滇中，贾可倍蓰，宦多稇载。""滇中沃野千里，地富物饶。高皇帝既定昆明，尽徙江左诸民以实之，故其地衣冠文物，风俗语言，皆与金陵无别。若非黔筑隔绝，苗蛮梗道，诚可以卜居避乱。然滇若不隔万山，亦不能有其富矣。"[③]这是非常重要的一段记载，它以简明有力的语言，表明了明代云南的美好富盛，这也是《五杂组》可贵之处之一。[④]谢肇淛在《滇略》中更是详细记载了云南永昌、腾越地区的中外物产交流："永昌、腾越之间，沃野千里，控制缅甸，亦一大都会也。山高水深，饶竹木、鹿豕、鱼虾之利。其人儇巧，

①冯甦：《滇考·珍贡》，云南人民出版社、云南大学出版社2017年版，第185—186页。

②袁嘉谷：《云南历史大事记》卷十一《近古代第二期》，高国强、王燕校注，云南美术出版社2019年版，第156页。

③谢肇淛：《五杂组》，傅成校点，上海古籍出版社2012年版，第69页。

④何炳棣：《李元阳、谢肇淛与明代云南》，云南大学历史系编《纪念李埏教授从事学术活动五十周年史学论文集》，云南大学出版社1992年版，第365页。

善制作，金银、铜铁、象牙、宝石、料丝、什器、布罽之属，皆精好，甲他处。加以诸夷所产琥珀、水精、碧玉、古喇锦、西洋布，及阿魏、鸦片诸药物，辐辏转贩，不胫而走四方。故其习尚渐趋华饰，饮食宴乐。谚谓永昌一日费三百石酿米，亭午以后，途皆醉人，此其敝也。”[①]这些描述是谢肇淛所亲见亲历的，无疑使外界看到了一个丰富多彩的云南，也在某种程度上改变了人们对西南边疆的认知。

卷十二记云南用贝为币：“滇人以贝代钱，每十贝当一钱，贫民诚便，然白金一两当得贝一万枚，携者不亦难乎？且亦破碎，非如钱之可复铸也。”[②]云南交易用贝，是中古以来云南商品经济一大特色，诸多文献都有记载。根据方国瑜先生的研究，“云南用贝为币，滥觞于南诏晚期，至大理国时而盛”，“元明时期云南用贝，与金银参合流通”，“至明亡时始告结束”。谢肇淛在万历末时到云南，彼时正是云南用贝走向衰落之时，他也见证了贝价的急速贬值，“一索仅值银六厘耳，而市小物，可得数十种”[③]，其原因大概是：“缅境洞吾莽氏与云南边境之争扰，以及云南鼓铸铜钱，对于贝之流通予重大打击。”[④]

谢肇淛还记载了云南的风物。如卷九记：“滇人蓄象，如中夏畜牛马然，骑以出入，装载粮物，而性尤驯。又有作架于背上，两人对坐宴饮者，遇坊额必膝行而过，上山则跪前足，下山则跪后足，稳不可言。有为贼所劫者窘急，语象以故，象即卷大树于鼻端，迎战而出，贼皆一时奔溃也。惟有独象时为人害，则阱而杀之。”[⑤]卷十记：“滇中有鸡踪（鸡纵），盖菌蕈类也，以

---

①谢肇淛：《滇略》卷四《俗略》，文渊阁四库全书本。

②谢肇淛：《五杂组》，傅成校点，上海古籍出版社2012年版，第226页。

③谢肇淛：《滇略》卷四《俗略》，文渊阁四库全书本。

④方国瑜：《云南民族史讲义》，秦树才、林超民整理，云南人民出版社2013年版，第609—618页。

⑤谢肇淛：《五杂组》，傅成校点，上海古籍出版社2012年版，第166页。

形似得名。其油如酱，可以点肉，亦闽中乌酱之类也。”[1]卷十一记：“滇中梧桐子大如豆，其形与它处殊不类，壳光薄不皱，味如松子。又有神黄豆，似五倍子，能令儿童稀痘，然亦不甚验也。”[2]如果将这些零星记载与其所著《滇略》融合在一起观看的话，那么它呈现给我们的便是一部翔实的云南风物志，而这些记录客观真实，又复文笔清丽，在盛行旅行的晚明，足以吸引更多的人到云南来。

是书有明万历四十四年（1616年）如韦馆刻本，1959年中华书局上海编辑所据此点校出版，但标点多有错讹。近年较好的整理本有印晓峰点校本（上海书店2009年版《历代笔记丛刊》）、傅成点校本（上海古籍出版社2012年版《历代笔记小说大观》）。

二、赵慎畛《榆巢杂识》

《榆巢杂识》二卷，赵慎畛著。

赵慎畛（1762—1826年），字遵路，号笛楼，湖南武陵人。嘉庆元年（1796年）进士，选翰林院庶吉士。历任编修、国史馆纂修、御史、给事中、广东惠潮嘉道、广西按察使、广东布政使、广西巡抚、闽浙总督。道光五年（1825年）任云贵总督，次年卒于任。赠太子少保，谥文恪。著有《奏议》《从政录》《省愆室续笔记》《读书日记》《昔日笔记》《载笔录》《诗文集》等，而笔记书《榆巢杂识》则是最有知名度的。

《榆巢杂识》，“内容丰富，文笔流畅。作者翰林出身，曾任京官十余年，并数出学差，晚年累任封疆，故于政坛掌故、科举考试、官吏职掌等颇为熟悉，书中所述尤为详尽，其他如民

①谢肇淛：《五杂组》，傅成校点，上海古籍出版社2012年版，第190页。
②谢肇淛：《五杂组》，傅成校点，上海古籍出版社2012年版，第201页。

政、财政、文人轶事、地方民俗、山川河流、地理沿革等亦多有涉及”[①]，且记载翔实，原原本本，文笔雅洁，对研究清代历史具有重要参考价值。

是书有关云南史料不少，而最引人瞩目的是有关钱南园的资料。乾隆五十四年（1789年），赵慎畛选为拔贡，时任湖南学政的钱南园极赏识其才华，称其为“人英”。[②]道光六年（1826年），已是云贵总督的赵慎畛在昆明致祭钱南园墓撰《祭钱南园先生墓文》，文中自称“受业门人”，并对钱南园的知遇之恩表达了深切怀念。[③]《杂识》上卷“钱南园”条记：“钱南园师以大银台督学吾楚，公正清严，风裁峻厉，不独士子慑服，官僚无不畏之。……特旨补授湖广道监察御史，旋命入军机处行走。……后浦（浦霖，原湖南巡抚，与钱南园龃龉）以闽抚获罪，先生以疾卒。灵輀将发之日，正值浦抚肆市，人诵熊江陵文云：‘君子小人之所终，不亦皎然可睹乎？”[④]“联讽贪官”条记：“祝留村主事与钱南园师先后视学余乡，亦有联云：‘祝去无人祝，钱来不要钱。’人言可畏哉！”这两条很直观地反映了钱南园清廉亢直的品格，而其灵舆与浦霖囚车相遇事，则被文人演绎传为佳话。下卷“钱南园与邵二云书”条则全录乾隆五十四年（1789年）二月廿八日钱南园致著名学者邵晋涵手札。[⑤]此札先是批评了湖南一官员“甚不喜出治所一步地，徒荒民事”的惰政问题，

---

①赵慎畛撰、徐怀宝点校：《榆巢杂识·点校说明》，中华书局2001年版。

②《武陵赵文恪公事略》，赵慎畛撰、徐怀宝点校《榆巢杂识》，中华书局2001年版，第243页。

③余嘉华主编：《钱南园诗文集校注》卷六《附录》，云南民族出版社2007年版，第493页。

④赵慎畛撰：《榆巢杂识》，徐怀宝点校，中华书局2005年版，第104页。

⑤按：此札未记年份，观其中有“感念五年前，亡妻贻累老母”语，检《钱氏族谱》，钱妻秦氏卒于乾隆四十九年（1784年），则此札应写于乾隆五十四年（1789年）。

其次是拜托湖南押运官、同乡谭某从通州将滞留北京的联吉其人带回湖南，再送回云南，钱南园表示所有费用由自己支付，望邵晋涵能促成此事；最后提到同僚包诚斋夫人过世一事，当时包氏“已出督运，署内别无了事人，茕茕一儿两女”，钱南园“闻之食不下咽”，又想起5年前亡妻之事，“足增一喟”。赵慎畛感慨道：“读此书，想见古人情意之厚如此。”[1]此通信函，《钱南园诗文集》中有收录，但未写明致于何人，而赵慎畛在诗人邵葆棋处见到，并照录原文，不仅解开了《诗文集》存留的疑惑，也有助于我们研究钱南园与邵晋涵的交游事迹。[2]

赵慎畛还记载了其他云南名士、宦滇官员的轶事。如上卷“翰林散馆”条：“滇南李鹤峰因培甫散馆授职，遇大考优等，擢升阁学，时论荣之。”[3]“不留余地”条：“李鹤峰先生学问事业，卓卓可称，惟居心太狭。凡事不留余地，致嗣君衣山编修翊腹内有灵鬼事，百计驱治不效，遂至病终。说者谓孽报云。处事必留余地，正可发人深省。”[4]李因培号鹤峰，晋宁人，乾隆进士，官至湖北巡抚。因属员亏空不实，被逮问罪，后自尽。他博学善诗，颇得世人好评，著有《鹤峰集》。此两条记载，一是肯定、称赞了李因培的学问事业，二是指其居心狭窄、做事不留余地的弱点，从中可见李因培之性情。至于说其子李翊腹内有灵鬼，实属志怪之语。再如下卷“富纲之奢侈”条载：“富纲任云贵总督，肆意奢侈。署内房舍地面皆用蓝细布贮棉制如砖式，量

①赵慎畛撰：《榆巢杂识》，徐怀宝点校，中华书局2005年版，第144—145页。

②按：朱端强教授曾撰《钱南园交游史事拾补》，此札即是主要参考资料之一，见何宣主编、云南省文史研究馆编《钱南园研究文集》，云南民族出版社2007年版，第140—142页。

③赵慎畛撰：《榆巢杂识》，徐怀宝点校，中华书局2005年版，第75页。

④赵慎畛撰：《榆巢杂识》，徐怀宝点校，中华书局2005年版，第122页。

地广狭而平砌之。又虑逾久践实，每月更铺一次，备制成者积数间屋。此与尊奉福贝子康安行馆地面铺以红哆啰呢者尤为意想所不及。噫！享用过分，宜乎其肆市也。”[①]富纲，满洲正蓝旗人，乾嘉间长期担任云贵总督，嘉庆五年（1800年）因贪腐被赐死。此条所记虽简，但富纲极度奢侈、极度腐败的形象却跃然纸上。其他如“张月槎文采风流”[②]“陈时夏受殊恩”[③]诸条，都是有关滇人故实者，均有一定的参考价值。

书中亦有不确者，如上卷“滇川运河”条：“滇省开凿通川河道，自东川府小江口入金沙江，溯流至新开滩，直通四川泸州，千数百里，皆藉人力化险为平，工费约数十万金。自乾隆八年十一月兴工，至十年四月告成。由滇督公庆复上请始。”[④]考云贵总督庆复为缓解铜运紧张的状况，奏请开凿通川河道，起初虽受到非议，但最终得到清高宗的支持，并于乾隆五年（1740年）兴工，而非书中所说的八年（1743年）。[⑤]

是书主要有浙江官纸总局铅印本、上海进步书局石印本、江苏广陵古籍刻印社1995年影印本、徐怀宝点校本（中华书局2001年版）。

三、袁嘉谟《冷官余谈》

《冷官余谈》二卷，袁嘉谟著。

---

①赵慎畛撰：《榆巢杂识》，徐怀宝点校，中华书局2005年版，第130页。

②赵慎畛撰：《榆巢杂识》，徐怀宝点校，中华书局2005年版，第123页。

③赵慎畛撰：《榆巢杂识》，徐怀宝点校，中华书局2005年版，第147—148页。

④赵慎畛撰：《榆巢杂识》，徐怀宝点校，中华书局2005年版，第67页。

⑤《清高宗实录》卷一二三，乾隆五年（1740年）七月丁酉条。

袁嘉谟（1857—1912年）[①]，字铭泉，晚号叟泉，云南石屏人。廪生[②]。清光绪经济特科状元袁嘉谷二兄。早年随族祖袁恩晖、诗人许重光、杨敬修学习。光绪三十年（1904年），任嵩明训导。[③]后调任巧家训导，六日即辞归。[④]又调开化、永昌、会泽，皆辞不赴。[⑤]自后家居，奉亲教子。嘉谟善诗工对，著有《铭泉诗集》《冷官集》《冷官余谈》等。

书名中的“冷官”一词，是指不重要的官，语出杜甫诗“诸公衮衮登台省，广文先生官独冷”。袁嘉谟一生所做的官都是些清苦闲散的教官，即所谓的“广文先生”，所以后人称其为“袁广文”。“余谈”意指所记内容多属琐细，往往一言半语即成文章。“冷官”体现了作者的身份和个性，“余谈”则表明了该书的体例和情趣。

是书是袁嘉谟家居之时，追忆旧事、杂记见闻、记录所思而写成的。因现存资料有限，其写作缘起、成书过程，已无从考察。1914年，唐继尧就职云南图书馆附设辑刻《云南丛书》处，广搜旧藏，石屏袁氏乃以袁嘉谟的这部笔记书进献，交付丛书处编纂审查员李坤审查。李坤阅后，认为袁嘉谟“学有根柢，笔亦雅洁，所记虽近琐细，然有关邑乘地志，可刻”。《云南丛书》总纂赵藩、名誉总纂陈荣昌均赞成其说，遂先付抄录。彼时袁嘉谷以清史馆纂修休假在籍，便持此书钞本送秦光玉审阅。秦光玉浏览后，极赏之，并为作序。[⑥]之后，丛书处又对此书钞本作删

①袁嘉谷：《袁氏家谱》，袁东先生藏；《石屏袁广文先生墓志铭》，见袁嘉谟《冷官余谈》，《云南丛书》本。

②袁嘉谷纂修：民国《石屏县志》卷十二《人物志·孝义》，民国二十七年（1938年）铅印本。

③陈诒孙等修、杨思诚纂：民国《嵩明县志》卷七“职官”，民国三十四年（1945年）铅印本。

④陆崇仁修、汤祚纂：民国《巧家县志稿》卷三“职官”，民国三十一年（1942年）铅印本；袁嘉谟：《冷官余谈》卷二，《云南丛书》本。

⑤《石屏袁广文先生墓志铭》，袁嘉谟《冷官余谈》，《云南丛书》本。

⑥秦光玉：《冷官余谈序》，袁嘉谟《冷官余谈》，《云南丛书》本。

定，方刊刻印行，这就是现在所流行的《云南丛书》本。

是书收录笔记72则，内容多关石屏地区的山川、水利、人物、古迹、名胜、轶事、遗文、异闻等项，亦杂记平时见闻和所感所想。其资料来源：一是作者亲见亲历之事，比如从师问学、题写楹联、晚清民乱等；二是文献资料，凡有所考证或记述史事，多采自史志诗文，如正史、石屏志书、先贤诗文集等；三是故老传闻，比如戴雅南、袁子程受辱之事，但分量不大。由此可见，作者的取材是比较严肃的，在一定程度上保证了记载的准确性。

是书之史料价值，前人已有比较中肯的评价。秦光玉说："《余谈》所述……足以为邑志资料者，亦复不鲜。……中如'丰备仓''许名臣'诸条，皆有厚民生、正民德之关系，又安得概以为琐细而忽之。"[①]《云南丛书书目提要》谓："述'永历时陈存庵检讨为石屏翰苑第一'一则，足证《石屏州志》《临安府志》及《云南通志》以许贺来启始之误；述'许名臣为明末忠臣，石屏之人杰'一则，足正《石屏州志》诋毁之非；述'庄蹻王于休腊，即今河西地，河西之开，在临府各属之前'一则，足资滇云地志研究之重要资料。"[②]除此以外，这部书还有一些内容值得注意。

一是提供了部分有关袁氏家族和袁嘉谟个人经历的资料。袁氏虽是石屏大族，但关于该家族的历史，常人知道的不多，而此书则提到了一些具体的事迹。如家族迁徙之事，卷一载"余祖为七伍人，与沐西平同来滇"，卷二载"高坡为我祖旧居，兵燹之后，断垣仅存，老杉参天，乔木蔚然。雪樵兄诗云'高坡半亩田，云自先人留'，即纪世泽也"；记家族成员事迹，卷

①秦光玉：《冷官余谈序》，袁嘉谟《冷官余谈》，《云南丛书》本。

②云南省文史研究馆编集，李孝友、张勇、余嘉华执笔：《云南丛书书目提要·子部·冷官余谈提要》，中华书局2010年版，第116页。

一载“先兄（嘉乐）云《书经》文体兼《六经》：《洪范》似《易》，《五子之歌》似《诗》，《周官》似《礼记》”，又载“三弟（嘉猷）临《九成宫醴泉铭》极肖”；卷二载“高祖母杨氏守节六十年；曾祖母杨氏守节六十一年；伯母高氏守节逾六十年，今尚康强，皆大寿也。……从叔德峻公从军迤南，卒于军”，又载“少凝弟（嘉端）任四川邻水县，以为民疲命自誓。设因利局三十余，民尤感之。其卒也，邻县之民醵金建专祠，每年设袁公社祭之，仿栾社也。又为立碑城门，即书‘为民疲命’四大字”。这些记载，清晰地反映了袁氏家族的变迁、家族成员的事迹和思想，是一般著作中不易得见的。而关于袁嘉谟个人生平，史志仅记其为官经历和诗文楹联作品，即便是《墓志铭》亦仅仅是赅括其行实德操而无具体事迹，《余谈》则补充了这方面的缺陷，如卷一载任职嵩明时瞻仰兰茂祠、赴巧家任职轶事、寄信劝勉袁嘉谷为官为学、光绪丁亥年（1887年）地震之善后，卷二载题写各类楹联等。这些资料琐碎而具体，可补史志之阙，为我们了解石屏袁氏的迁徙、袁氏族人的经历等都有很重要的参考价值。

二是记述了一些石屏文人学士的掌故逸事。笔记最重要的一项内容就是记录名人的旧闻故事，为读者展现他们的另一面。《余谈》也不例外，如卷一载“涂晫，字煦庵，石屏书法第一也。……其印文则有‘石屏茶帮’四字”。卷二载戴雅南、袁子程咸同乱中受辱；又载“朱次民（在勤）先生寓府城，府城乱，先生逃避，背负《丹木诗稿》与旧拓九成宫帖二种而已，不计其他也”；又载“萧翰林崇业出使琉球，著有《使琉球录》二卷。当日尚无轮船而往来大海，真属万难。故乡人有遗说云：‘萧乃吕洞宾后身。’洞宾偶语其徒风摇程云：‘我将下界。’徒曰：‘我往事之。’萧赴琉球无危难，皆风摇程服事之力也。今临安府人无不知风摇程仙人者”；又载嘉谟方外交先妙和尚，“住持秀山，往来必步行。不舆夫，爱人也；不骑马，爱物也”，其师筇竹寺僧梦佛“能诗文，且能作丈余大书，秀山‘龙虎’二大字，即其迹也。每年刻其弟子姓氏为一录，若乡会试齿录者”；又载“许五塘（印芳）先生，老而还乡，日与余谈旧事。三十年亲炙之味，耿耿不忘也。先生疾笃日，医来诊视，先生曰：‘尚可活否？’医曰：‘无忧，将愈矣。’先生曰：‘吾问汝，非畏死也。不过果然危而不救，我尚有友数人，弟子数人，欲举心中托付之事，勉强一挥而告之耳。’医止之，遂卒。真今之古人哉。”如上掌故，不仅为本书增添了趣味性，也让历史人物可感可亲。

三是反映了清末云南地方社会的变迁和普通士人的思想观念。宏观的叙事可以为我们提供基本的历史走向和历史常识，但很难反映出历史的复杂和多元，而笔记中的细微记录则为我们认识历史提供了新的素材和视角。袁嘉谟生在晚清大变局时期，长期家居，对晚清地方社会的变革有深切感触，并记在《余谈》之中，如卷一载“后孝廉告余曰：‘石屏三十年前书声盈耳，二十年来，仅树五弟一人书声。自树五远出十年来，竟不闻一书声。’余谓：‘书声固少，即机声亦渐少，乃棉纱之故也，可惧’”，从中可略知清末云南旧学和传统手工业的衰落；卷二载“壬午（1882年）乡试，有友人以庙讳被黜。考宋周必大《文苑英华·序》云‘庙讳未祧，止当缺笔’，友人实已缺笔也。而文网之密，乃不及宋时之宽也”，可见清末云南地方社会中，避讳尚严；又载“家居十年，簪组久谢，陶公脚疾，吾窃比焉。未几而教育改制，乡士蹙额矣；又未几，而师范设矣；又未几，而学警察者，学实业者，毕业归矣，乡人方惊而讶之。未几而自治者又跨而上之也。噫！朝天暮渊，转绿回黄，五光十色，遂成今日新世界，盖一转瞬间事矣”，这段反映了清末新政后云南的新变化，即边远地区也有了师范、警察、实业以及自治机构这些新鲜事物。作为旧时代的读书人，袁嘉谟对这种剧变可能一时无法接纳，毕竟时代变得太快了；对于某些现象则略存忧虑：书声少则忧教育之危，机声少则忧百姓之生计；同时他对清朝时政也隐有批评，“文网之密”即是，诚如挽联所言“得袁劭公心传，大局艰危，每念国家辄流涕”①。

四是此书间有考辨，亦较精核。笔记不止纪事，也往往存有作者的学术观点，《余谈》亦有这方面的内容，如卷一载，嘉谟据陈氏族谱，断定陈世箕为永历时检讨，并以此证明州志、府志、通志石屏翰苑以许贺来为始之误；茨坝头有沐氏大坟数冢，嘉谟据其碑“有名晟者”，疑即沐西平之族；嘉谟据实地考察，纠正《临安府志》误北山石壁“屏海瀓波”为“异湖瀓波”；据兰茂《正统乙丑予年四十九用太白紫极宫感新诗韵》一诗，证兰茂非元遗民；据碑文考订大杨家营原系明末都督龙在田故营，故石屏县有“都督城隍”。这些考辨文字，或是据文献资料举证分析，或是根据实地调查辨明是非。其成果，有的已得到认同，比如石屏翰苑当以陈世箕为始等。

是书亦偶有舛误，比如卷一“异龙湖水泛滥”条，“知州蒋振棫筹岁修之费”，“蒋振棫”应是“蒋振阅”；又如卷二“北极宫”条，“将绅士十勋人，缚于柏上”，“勋”应是“数”。所以，我们在使用此书时，应当注意校勘，并核实资料，与他书相互对比、相互印证。

是书有云南省图书馆藏钞本，收在《冷官集》内；《云南丛书》本，前有秦光玉序、《石屏袁广文先生墓志铭》，《丛书集成续编》《笔记小说大观》据此本影印收录，是目前最易得见者。此外，袁嘉谷《滇绎》卷四米摭是书十则②，民国《石屏县

①袁嘉谟：《冷官集》附《挽联》，云南省图书馆藏钞本。

②东陆大学1923年铅印本。按：《续云南备征志》卷三十收录《滇绎》，分上、下二卷，其中《冷官余谈》部分在卷下，文字与铅印本同。本文采用的是铅印本。又，铅印本将“十则”误作“十四则”。

志》卷四十《杂志》收录三十七则。

袁嘉谟出自望族，长期里居，孝敬亲老，友于兄弟，教养子侄，热心公益，兼工诗赋联吟，堪称石屏乡贤的代表。所著《冷官余谈》一书，内容广博，对地方史研究很有参考价值，但诸家著录鲜稀；即便收入《云南丛书》，其流传也并不广泛；又因其地方性很强，知者用者更少。鉴于此，笔者硕士学位论文即以《云南丛书》本为底本，以云南省图书馆藏钞本为对校本，以《滇绎》、民国《石屏县志》为参校，并以相关史志、诗文集、传记等资料作以他校，对此书作了详尽校勘注释，希望能给云南地方史的研究、云南地方文献学的研究提供一些坚实的依据和一点有益的线索。

笔记固然不够严肃，甚至有迷信之言，但其史料价值是不能否定的，这是因为“记录见闻，反映当时的社会历史，也表现作者对时事的态度；写阅读文献、鉴赏文物心得，表现作者的学术观点和研究成果；笔记小说中也夹杂有考辨成分，其资料亦堪参考利用”①。近年来，大批史料笔记被整理出版，极大地拓宽了史学研究的范围和领域，促进了学术的发展与进步。然而，如前所述，云南笔记史料的整理刊布并不多见，还有很多尚不为人所知、所见、所用。云南师范大学朱端强教授10多年前就呼吁重视发掘整理云南史料笔记，他说：“云南史料笔记是一个大而分散的文献群体，是云南地方文献的重要组成部分，也是中国西南边疆历史文献不可缺少的重要内容之一，故将其单独划为一块加以研究和整理很有必要。自（二十世纪）七十年代末，我国一些权威出版社已开始专门系统整理出版史料笔记，嘉惠学林，很受欢迎。日本学人已编有中国史料笔记专题索引，返销于中国。我省学术和出版界虽然也整理出版过一些重要史料笔记，但或由于财

①冯尔康：《清史史料学》（下），故宫出版社2013年版，第378—379页。

力有限，目前尚缺乏比较系统和较大的规划。建议古籍研究整理部分对此略加关注。”[①]10余年过去了，云南笔记史料的搜集整理工作推进缓慢，仍是任重道远。

（杨琴琴，就职于武威市凉州文化研究院，研究方向为历史文献）

①朱端强：《重视云南史料笔记的发掘》，《西南古籍研究》（2001年卷），云南大学出版社2002年版，第57页。

云南军阀史研究述评

朱　强

云南军阀又称滇系军阀，是“民国时期以云南为基地的地方军阀集团。辛亥革命后唐继尧出任云南都督，逐步形成滇系军阀集团。1927年唐继尧倒台后逐渐由龙云掌握，1945年蒋介石解除龙云云南省政府主席等职。后由卢汉掌权。1949年卢汉起义，滇系遂告解体”[①]。关于云南军阀的存续时间，可以参考西南军阀。云南军阀作为西南军阀的重要分支，两者关系十分密切。谢本书先生对西南军阀存续时间的定义是“护国战争以后，以滇、桂系为首的西南军阀得以正式形成”[②]，其存续时间为护国战争后至新中国成立前。作为西南军阀史重要组成部分的云南军阀史也不例外，其存续期间为1916—1949年。

云南军阀史的研究意义主要有3点，一是可以加深对民国时期云南地方史的研究。“从某种意义上说，民国史就是一部新旧军阀史。离开了军阀史的研究，民国史就难以下笔。”[③]滇系军阀统治云南的时间长达33年（1916—1949年），可见，云南军

①夏征农、陈至立主编，熊月之等编著：《大辞海·中国近现代史卷》，上海辞书出版社2013年版，第463页。

②谢本书、冯祖贻主编：《西南军阀史》（第一卷），贵州人民出版社1991年版，第6页。

③谢本书、冯祖贻主编：《西南军阀史》（第一卷），贵州人民出版社1991年版，第6页。

阀史是研究云南民国史的不可或缺的组成部分。二是作为民国时期存续时期较长的地方军阀集团，云南军阀的很多重要人物参与领导了资产阶级民主革命，推翻了晚清封建王朝的统治，并在新旧交替中起了极其重要的作用，同时对推进云南近代化也有一定贡献。研究云南军阀史必然要深入到民国政治史、社会史，这也是近代军阀政治研究、地域历史研究和民国史研究的重要组成部分。三是在持续40年的研究中，人们对云南军阀尤其是其代表人物的认知和研究已不单单是学术研究，同时还是一种有关云南近代史的“历史记忆”，蕴含了较为丰富的“思想史”和“观念史”的内容。

一、云南军阀史研究之发展历程

早在民国时期，就有关于云南军阀的著述。但是，当时云南军阀尚处于“进行时”，因此这一时期云南军阀研究还不算严格意义的学术研究。如《唐继尧侵川阴谋之披露》[①]收录了大量川滇战争中唐继尧与赵又新、顾品珍、刘显世等人的往来电文，保存了大量珍贵资料。邓之诚的《护国军纪实》[②]，不仅详细叙述了护国战争的来龙去脉，更为重要的是还记载了1917年爆发的川滇黔成都巷战，此战被认为是“西南军阀正式形成的重要标志”[③]。因此，该书是研究云南乃至西南军阀形成时期的重要著作。由于作者与军阀混战亲见的当事人接触较多，记载的内容较为可信，因此该书也为研究云南军阀的崛起提供了翔实的资料。总体而言，新中国成立前关于云南军阀的研究还停留在对相关事件的叙述层面，对事件社会历史背景还缺乏具体、深入的研究，但这些早期

①《唐继尧侵川阴谋之披露》，川军前敌各军协司令部印1920年版。
②邓之诚：《护国军纪实》，古吴邓氏五石斋精印本，1939年。
③谢本书、冯祖贻主编：《西南军阀史》（第一卷），贵州人民出版社1991年版，第6页。

研究为之后的研究奠定了基础。

新中国成立后，云南军阀史研究被置于云南革命史中，长期被忽视，云南军阀史作为真正的学术研究始于改革开放以后。1980年4月，西南军阀史研究会在成都正式成立，并相继成立了蜀、滇、黔、粤、湘、桂六省区军阀史研究会（即西南军阀史研究会各省区分会），[①]为云南乃至西南军阀史研究奠定了稳定的平台基础。西南军阀史研究会成立以后，开展并推动了西南军阀史的研究，出版了《西南军阀史研究丛刊》和若干人物传记、专著、资料集等。在各省区轮流举办了西南军阀史若干专题的学术讨论会，并组织力量编写《西南军阀史》。[②]在此机遇下，云南军阀史研究迅速崛起，成为西南军阀史研究的重要组成部分。在这过程中，谢本书先生迅速成为云南军阀史和西南军阀史研究的领军人物。[③]1981年，谢本书发表了《论唐继尧》[④]，开始了云南军阀史研究。随后，又在《吴佩孚与西南军阀的勾结》[⑤]中，通过对1919年吴佩孚与西南军阀签订的军事密约和1920年西南军阀的“联直制皖”策略的分析，指出南北军阀并无本质区别。在《略论南北军阀之异同》[⑥]中，谢本书论述了南北军阀的共同性与差异性，不仅进一步加深对西南军阀性质的研究，而且“为进一步开展西南军阀史研究打下了良好的基础”[⑦]。1984年，谢本

①谢本书、冯祖贻主编：《西南军阀史》（第一卷），贵州人民出版社1991年版，第423页。

②谢本书、冯祖贻主编：《西南军阀史》（第一卷），贵州人民出版社1991年版，第423页。

③张神根：《谢本书军阀史研究述评》，曹维琼等编《谢本书史学研究述评》，贵州人民出版社2006年版，第59—67页。

④谢本书：《论唐继尧》，《近代史研究》1981年第2期，第164—189页。

⑤谢本书：《吴佩孚与西南军阀的勾结》，《贵州社会科学》1983年第5期，第68—74页。

⑥谢本书：《略论南北军阀之异同》，西南军阀史研究会《西南军阀史研究丛刊》（第二辑），贵州人民出版社1983年版，第39页。

⑦张神根：《谢本书军阀史研究述评》，曹维琼等编《谢本书史学研究述评》，贵州人民出版社2006年版，第59—67页。

书在中国现代史学会主办的研讨班上，首次全面讲授了“西南军阀史”，获得好评，近10万字的讲稿铅印散发全国。在研究过程中，谢本书对西南军阀史的基本概念、研究的意义、形成的时间和分期等，提出了比较全面的认识。[①]谢本书与牛鸿宾合作撰写的《蒋介石与西南地方实力派》一书中系统论述了西南地方实力派与西南军阀的关系及异同，认为“两者之间既有诸多联系，也有原则的区别。西南军阀转化演变为西南地方实力派，是由诸多原因所决定的，包括民族矛盾的上升，中国共产党的争取，人民群众爱国民主运动的高涨，蒋介石集团的压力以及他们自身的爱国思想的作用等。由西南军阀到西南地方实力派转化的关节点，则应以1937年卢沟桥事变后，抗日战争全面爆发为标志”[②]。这些研究“为人们更加全面、更加深入地了解西南军阀提供了帮助”[③]，也为研究云南军阀史提供了新的见解。在这些扎实研究的基础之上，1991年、1994年谢本书与冯祖贻共同主编出版了大型专著三卷本《西南军阀史》[④]。该书不仅基本厘清了西南军阀的基本脉络，更较为全面论述、评价了西南军阀时期的重大历史事件和人物。全书是“资料齐全，内容丰富，富有创见的开拓之作。该书的问世在推动军阀史以至民国史的研究上当具有相当大的积极影响”[⑤]。该书也受到海外学者的肯定，“台湾学者林能士在评述时指出，《西南军阀史》足以代表中国大陆学界对于西南军阀研究

①张神根：《谢本书军阀史研究述评》，曹维琼等编《谢本书史学研究述评》，贵州人民出版社2006年版，第59—67页。

②谢本书、牛鸿宾：《蒋介石和西南地方实力派》，河南人民出版社1990年版，第12—13页。

③张神根：《谢本书军阀史研究述评》，曹维琼等编《谢本书史学研究述评》，贵州人民出版社2006年版，第59—67页。

④谢本书、冯祖贻主编：《西南军阀史》第一卷，贵州人民出版社1991年版；谢本书、冯祖贻主编：《西南军阀史》第二卷、第三卷，贵州人民出版社1994年版。

⑤吴雁南：《引人注目的开拓性力作——评三卷本〈西南军阀史〉》，《贵州社会科学》1995年第3期，第111—112页。

现阶段整体成就，大大拓展了中国现代史研究的新视野，是研究民国初年所谓西南军阀的重要里程碑”[①]。谢本书主编的《西南十军阀》[②]介绍了唐继尧、陆荣廷、刘湘、刘显世、陈炯明等10个军阀的生平和经历。随后，众多学者从不同角度对滇系军阀的产生、演变历程进行论述，继续深入推进云南军阀史的研究。这些成果大多被编入《西南军阀史研究丛刊》[③]中。

总体而言，从20世纪80年代至21世纪初，云南军阀史的研究呈现出：研究成果的数量增长较快，但研究方法却较为单一，仍受革命史范式影响，关注点多集中于军事、政治领域，较少关注经济、社会层面，缺乏多学科研究方法的借鉴。进入21世纪以来，相关研究开始越来越多借鉴其他学科的研究方法，关注的领域也越来越广泛，并借助新的分析视角对一些已有研究命题提出新的观点，形成“拓展旧议题、开辟新议题”的格局。

张嘉友对军阀混战这个老旧议题提出了新见解，分析了“西南地区现代史上最大的一次军阀混战”——二刘（刘湘、刘文辉）之战的来龙去脉，对此战的后续影响提出了新的见解，认为“此战最终结束了四川长达20多年的军阀混战局面，刘湘基本上统一了四川，客观上有利于四川人民生活的安定和工农业生产的发展”[④]。包红君肯定了云南军阀在民主革命中的地位和作用，参加辛亥革命和护国运动，推动北伐战争的胜利，积极抗战，最终

---

①张神根：《谢本书军阀史研究述评》，曹维琼等编《谢本书史学研究述评》，贵州人民出版社2006年版，第59—67页。

②谢本书主编：《西南十军阀》，上海人民出版社1993年版。

③西南军阀史研究会编：《西南军阀史研究丛刊》（第一辑），四川人民出版社1982年版；西南军阀史研究会编：《西南军阀史研究丛刊》（第二辑），贵州人民出版社1983年版；西南军阀史研究会编：《西南军阀史研究丛刊》（第三辑），云南人民出版社1985年版；西南军阀史研究会编：《西南军阀史研究丛刊》（第四辑），贵州人民出版社1985年版；西南军阀史研究会编：《西南军阀史研究丛刊》（第五辑），贵州人民出版社1986年版。

④张嘉友：《西南地区现代史上最大的一次军阀混战：二刘之战述评》，《西南民族大学学报》（人文社科版）2008年第11期，第251—255页。

又走向人民，“为中国民主革命的胜利做出了一定的贡献”。认为其主要原因有3点：“第一，西南是辛亥革命的发起地之一，革命基础比较雄厚。第二，资本主义经济产生较早，因而受资产阶级民主主义思想影响也较深。第三，不是蒋之嫡系，历来是被蒋利用和排挤的对象。相反，中共对之却采取了真诚的团结感召的态度。”①马俊林通过对唐继尧时期滇军的几次分裂的分析，认为“各次分裂的原因不尽相同，但从中体现出各个阶段不同政治军事力量之间的相互较量和消长”。“驻粤滇军分裂时，全国正处于旧军阀有力影响，甚至左右政治走向的时期，所以桂系和滇系决定了驻粤滇军的发展。顾品珍反唐事件发生，表明滇军向外扩张政策遭遇挫败，滇军势力大为削弱。到龙云等人联合倒唐时，大革命的革命浪潮席卷全国，革命派力量的极大增长，而以唐继尧为核心的滇系军阀则面临四分五裂，唐个人真正能有效控制的力量已大为削弱，最终导致了几种政治力量的联合倒唐。”②陈华丽分析了唐继尧参与联省自治运动的深层原因，认为唐继尧虽然也高举“联省自治”的旗号，但实质是地方军阀为巩固其势力的一块招牌，没有民主的内容。其真实目的是“需要一件合法化的外衣，既可暂时把其他的军阀阻隔在权力之外，又可乘势向外扩张”③。

随着20世纪90年代以来文化史、社会史的兴起，越来越多学者开始从文化、社会的视角探讨中国军阀政治。郭卫东从文化史的角度，以唐继尧之死为切入点，透过对唐继尧生前的轰轰烈烈和死后的寂寞寥落的巨大反差，分析20世纪20年代中国政治语境

①包红君：《试论西南地方实力派在民主革命中的地位和作用》，《辽宁师范大学学报》（社会科学版）2002年第3期，第105—107页。

②马俊林：《唐继尧时期滇军的分裂》，《云南民族大学学报》（哲学社会科学版）2006年第3期，第104—108页。

③陈华丽、莫庆红：《云南联省自治运动述论》，《前沿》2007年第11期，第206—209页。

的转变。他指出，唐继尧之死，恰逢“打倒军阀”的口号声高入云之际，军阀已成国民讨伐的对象，“唐继尧称雄的时代已然过去，他已经从时代的前行者变成了落伍者，甚至是落难者。军阀已成国民讨伐的对象”，进而提出“回归语境，感受氛围，考察时代转换之际曾经的要角是如何被世人所迅速‘淡忘’、为观察中国近代第一代军阀是如何退出历史舞台提供了别样视角”[①]。

二、云南军阀史研究之主要议题

通过对40年来云南军阀史研究的回顾，可见已经取得了大量成果，如果做一个粗略的梳理，所讨论的问题主要集中在以下方面。

（一）云南军阀与中央政府的关系

云南地处边疆，为西南的国防门户，战略位置十分重要。因此，云南军阀与历届中央政府的关系一直以来是研究者重点关注的问题。

唐继尧统治时期积极对外扩张，因此唐继尧与北洋政府、广州护法军政府就显得十分微妙。谢本书梳理了1917—1925年间孙中山与唐继尧的交往，指出“第一次护法战争时，唐继尧表面支持护法，实际另搞一套；第二次护法战争期间，唐继尧流落香港时，孙中山欢迎唐到广州，但唐仍不买账并支持陈炯明反对孙中山；大革命时期，孙中山再度争取唐继尧，唐仍执迷不悟，最终为大革命风暴所推翻”[②]。陈长河以1920年直皖战争时西南军阀的“联直制皖”的策略为例，分析唐继尧与北洋军阀既合作又争夺的关系，其目的

①郭卫东：《“打倒军阀”语境下的唐继尧之死》，《军事历史研究》2015年第3期，第80—88页。

②谢本书：《三次广州政府时期的孙中山与唐继尧》，《云南社会科学》2001年第5期，第63—69页。

是各自利益的最大化。[①]

龙云统治云南期间，正值云南成为抗战大后方，战略地位空前提升，因此龙云与南京国民政府政要的交往长期以来也是学界关注的重点。孙代兴梳理了蒋介石对龙云的方针、策略、措施及两者的关系后认为：以龙云为首的新滇系集团和蒋介石集团相互利用，势力得到发展和壮大，并在蒋介石集团的支持下巩固了对云南的统治。[②]全面抗战爆发后，国民政府统治中心西移，龙云与蒋的关系更为微妙。潘先林在梳理了滇西抗战前后利用与蒋介石关系的演变后认为，“在抗日战争的滇西抗战中，云南地方政权的代表龙云和蒋介石之间既有联合又有斗争对滇西抗战的整个过程影响极大”。虽然抗战胜利后蒋介石通过政变的方式逼龙云下台，但“蒋龙斗争的另一个结果是蒋介石始料未及的。在龙云的支持下，昆明成为国统区坚强的民主堡垒，使蒋介石中央不能真正控制云南，最后在继卢汉的组织领导下，实现了云南的和平解放，蒋介石才是这场斗争的最后失败者”[③]。孙代兴认为蒋介石为准备内战，急需巩固后方，解决龙云以统一内部就成为应有的选择。[④]万揆一认为蒋介石用政变的方式撤换龙云的深层原因是“‘西安事变’以来，蒋介石对非亲信的方面大员，猜忌进一步加深，清除异己的心愿日益强烈。当时，西南的龙云和刘文辉，都是他放心不下的地方势力。当抗日战争结束、云南两个地方军出国受降之际，便拿龙云来开刀”[⑤]。谢本书认为“抗日是龙云一生的功绩之一，他先后派出滇

①陈长河：《西南军阀与1920年直皖战争》，《军事历史研究》2003年第1期，第42—52页。

②孙代兴：《国民党新军阀混战与滇系军阀的演变》，《云南师范大学学报》（哲学社会科学版）1985年第4期，第18—25页。

③潘先林：《滇西抗战中的龙云与蒋介石》，《思想战线》1995年第4期，第45—50页。

④孙代兴：《谈蒋介石解决龙云政权的目的》，《昆明师院学报》1979年第5期，第13—17页。

⑤万揆一：《杜聿明逼走龙云的来龙去脉》，《民国春秋》1995年第2期，第5—10页。

军近40万人参加抗战、修筑滇缅公路等，有力地支援了全国抗战。抗日战争时期，龙云政治思想也发生重要转变，参与抗日救亡运动，秘密加入民主同盟，促进了昆明民主堡垒的形成。在汪精卫经昆明出逃叛国的过程中，龙云是清白的，这一疑案应该画上句号。抗战时期，龙云作为爱国将领是当之无愧的”[①]。段金生透过对抗战爆发前后龙云言行的比较分析，指出“龙云在地方主义与国家利益之间，选择了服从国家利益的需求，正是边疆地方势力参与‘国家行为’的重要组成，对抵御外敌之意义不言而喻，是边疆区域与近代民族国家建设密切关系的另一维度的重要表现”。更重要的是“体现了地方主义服从国家利益，是边疆地方势力参与‘国家行为’的重要内容，也隐含着边疆区域与近代民族国家建设关系密切的政治含义”[②]。

抗战期间，云南成为大后方，一时高官云集。汪精卫从云南出逃，龙云在其中所起的作用一直是学界关注的重点。杨天石先生认为“汪精卫叛逃得到龙云的充分支持和帮助。事后龙云多方掩饰企图遮盖相关史实”[③]。谢本书先生则持相反意见，[④]认为“龙云在历史上虽然不能说是一个‘完人’，但他在抗日战争时期是始终坚持抗战，而且是功勋卓著的爱国民主人士”[⑤]。两位

---

①谢本书：《龙云与云南抗战》，《抗日战争研究》2001年第3期，第177—192页。

②段金生：《地方势力的国家参与：变局中边疆实力派的政治选择——抗战爆发前后龙云言行的观察》，《民国档案》2016年第2期，第90—99页。

③杨天石：《龙云与汪精卫出逃事件诸问题》，《江淮文史》2017年第2期，第24—50页。

④早在2001年，谢本书就在另一篇论文中认为“汪精卫的出逃是蒋、汪上演的‘双簧戏’，至少是蒋介石‘网开一面’的结果，龙云并不知情”。（参见谢本书：《抗日战争初期的龙云与汪精卫》，《史学月刊》2001年第5期，第80—84页。）

⑤谢本书：《龙云是“抗战阵营内部的一颗未爆炸弹”吗？——与杨天石先生再商榷》，《学术探索》2016年第4期，第92—102页。

先生的这场辩论[①]不仅体现了云南军阀龙云与南京政府高层蒋介石、汪精卫之间错综复杂的关系，而且反映了历史人物的复杂性与多面性。李兴祥、孟端星则进一步分析汪精卫出逃后龙云的举动，指出“龙云没有响应汪精卫‘艳电’，使汪精卫‘西南新政府’的建立成为梦幻，并引发了汪精卫阵营的分化”。龙云的所作所为“在客观上对西南大后方抗战战略地位的形成和稳固起了促进作用，对维系云南这一全国对外联系的主要门户产生了重大影响”[②]。

（二）云南军阀的统治政策

过去，在革命史范式下，对军阀统治时期的各项建设多持负面评价。进入21世纪以来，随着新研究视角、新研究范式的引入，研究者更多地站在现代化的角度重新评估云南军阀的统治。

潘先林从现代化的角度，重新评估了唐继尧的功过，提出“唐继尧在云南筹办市政、改革教育、实行市乡自治、整理交通等，尝试着从半殖民地半封建半资本主义经济向资本主义经济的转型和过渡，推动了云南的近代化进程。同时，唐继尧始终以国

①相关论文主要有——谢本书：《龙云是“抗战阵营内部的一颗未爆炸弹”吗？——与杨天石先生再商榷》，《学术探索》2016年第4期，第92—102页；谢本书：《汪精卫出逃与龙云、蒋介石之关系——与杨天石先生商榷》《云南档案》2015年第10期，第24—30页；杨天石：《龙云与汪精卫出逃事件诸问题》，《江淮文史》2017年第2期，第24—50页；杨天石：《再论龙云与汪精卫出逃事件——兼与谢本书教授商榷》，《探索与争鸣》2015年第12期，第43—53页。杨天石先生先后发表了几篇有关抗战时期汪精卫出逃与龙云关系之论文。最初发表的是《汪精卫出逃与蒋介石的应对》《汪精卫出逃事件》，谢本书先生乃发表《杨天石说龙云破坏抗战，没有道理》《汪精卫出逃与龙云、蒋介石之关系——与杨天石先生商榷》两文。接着，杨天石又发表了《龙云暗助汪精卫出逃》《再论龙云与汪精卫出逃事件——兼与谢本书教授商榷》《再论龙云与汪精卫出逃事件——兼述龙云谎言与两面行为，并答谢本书教授》等。（详情参见谢本书：《龙云是“抗战阵营内部的一颗未爆炸弹”吗？——与杨天石先生再商榷》，《学术探索》2016年第4期）

②李兴祥、孟端星：《新探汪精卫叛逃与龙云》，《求索》2009年第12期，第226—228页、第195页。

事为己任，与北京政府、孙中山广州政府之间合纵连横，加强了云南‘边陲’与内地‘中央’之间的联系与凝聚，推动了中国的近代化历程，有利于中国历史发展的整体性”①。吴臣辉也持相似观点，认为“唐继尧治滇期间14年，提出废都裁兵、休养生息等比较开明的政治措施，在经济上鼓励发展农业、交通、工矿企业，振兴实业；在文化上提倡发扬固有文化，吸取新文化，引起了人们的社会心理、思想方法和价值观念的巨大转变，进一步解放了思想，增强了人们的现代化意识。为云南早期现代化的进程起了一定的积极推动作用”②。

龙云主政期间，改变前任唐继尧的政策，集中精力于省内建设，使云南社会经济得到长足发展。目前，关于龙云治滇的研究主要集中在其思想来源和具体措施方面。潘先林指出龙云治滇思想的来源并指出其局限性，认为“龙云的治滇思想一是既具有封建地主阶级恢复秩序和巩固统治，建立他们心目中‘理想’社会的努力，又具有资产阶级建设资本主义工业化云南的设想。二是民族思想受到蒋介石的影响较大，主张民族取消论和同化论。虽然龙云尽量给予彝族及边疆少数民族以照顾和帮助，但这种照顾和帮助更多的是针对民族上层”③。潘先林在专著《民国云南彝族统治集团研究》④中，系统论述龙云建设“新云南”的各项举措，提出了“边疆民族型”近代化理论，提供了解析近代边疆民族地区政治、社会变迁的新思路，是借鉴多学科理论和方法，分析传统政治问题的重要成果。龚卿从政治、经济、观念转换3个方面论

①潘先林：《唐继尧与中国近代化》，《学术探索》2009年第2期，第99—103页。

②吴臣辉：《论唐继尧在云南早期现代化进程中的作用》，《云南行政学院学报》2009年第5期，第168—170页。

③潘先林：《试论龙云的治滇思想》，《云南民族大学学报》（哲学社会科学版）2008第6期，第109—114页。

④潘先林：《民国云南彝族统治集团研究》，云南大学出版社1999年版。

述了龙云治滇措施对云南近代化的巨大推动作用。①吕志毅从财政政策角度阐述了龙云治滇的措施；②王文光、龚卿在分析了龙云、卢汉时期的财税政策后，认为这些政策“有力地促进财政、金融、生产互动，逐步均衡财政收支，改善财政结构，鼎定龙、卢政权的经济基础。……对推动云南近代化的进程是有着深远而积极的影响”③。马平从经济政策的角度论述了龙云的改革及其影响。④史允认为“龙云的军阀政府完全是为了自己的统治目的，但客观上，某些促进发展的政策也值得肯定”⑤。罗朝晖认为“龙云政府大力进行财政金融整顿，对外收回被殖民机构攫取的金融权益；对内改革，使财政与金融分离，建立近代金融制度。这些措施使云南金融进入一个相对稳定的发展期，也有力地促进了云南金融的近代化”⑥。刘永刚从社会治理的角度，分析龙云主政期间的基层建设，提出“地方政治结构演变的主要特点在于国家权力成功下沉到基层社会，以县、乡为主的现代行政组织成功建立并运行，以及废闾邻重建保甲制度实现社会控制，极大提升了国家的汲取能力与强制能力，为国家转型奠定了坚实基础”⑦。

（三）云南军阀的经济来源

军阀之间的较量，既是军事实力的对抗，也是经济实力的较

①龚卿：《民国时期彝族集团统治下的云南近代化进程》，《思想战线》2008年第3期，第137—138页。

②吕志毅：《民国前期云南的财政危机与龙云的改革》，《云南档案》1997年第4期，第45—47页。

③王文光、龚卿：《民国时期云南龙、卢彝族统治集团财税政策研究》，《西南边疆民族研究》（第6辑），云南大学出版社2009年，第198—203页。

④马平：《龙云主政时期的云南地方经济政策》，硕士学位论文，云南大学，2002年。

⑤史允：《龙云政府的货币发行政策》，《云南行政学院学报》2003年第3期，第93—97页。

⑥罗朝晖：《龙云政府与云南金融近代化》，《湖湘论坛》2015年第4期，第136—140页。

⑦刘永刚：《龙云主政时期云南的基层建政与社会控制》，《中央民族大学学报》（哲学社会科学版）2013年第5期，第115—120页。

量。没有雄厚、稳定的经济来源，军阀的生存与发展都会受到限制。鸦片在云南军阀的财政收入中占有特殊地位。张笑春从军阀统治对鸦片的依赖程度及其围绕鸦片所采取的各种手段等方面，对云南军阀与鸦片的关系做了探讨。认为“近代云南的军阀统治，是以鸦片作为其经济基础的，正是由于凭借巨额的鸦片收入作支撑，滇系军阀才得以云南一穷省而不减其武装实力，与其他军阀不断进行争战，顽强地和国民党中央势力相对抗，长期保持对云南的割据和统治”[①]。李刚进一步提出鸦片是一种“政治作物”，“鸦片的生产、运输、贸易都与西南地区的政治联系在一起，鸦片生产和贸易是支撑西南军阀统治地位的经济基础，成为保存并发展各省军阀势力，使之能生存于弱肉强食的军阀争斗之中的经济基础”[②]。黎虹总结了鸦片泛滥对西南社会的影响。首先，罂粟种植占用大量耕地，严重影响了粮食生产；其次，严重降低国民体质，败坏了社会风气；最后，还导致西南地区近代工业因缺少资金而停滞不前，商业畸形发展。[③]

过去提及滇系军阀的财政来源，多只提及鸦片。但林建曾梳理了川滇黔军阀在其形成、发展过程中对食盐的争夺，指出盐对云南军阀的重要性：“云南地方实力派还不断扩军并向外用兵。因此，扩大滇盐产销不仅是云南地方势力的长远目标，也是解决迫在眉睫的财政困难的救急之策。”而军阀对食盐的争夺，“不仅给广大盐工与人民群众造成生活困难，负担加重及种种不幸，同时，也使得西南盐业停滞倒退，并引起一系列严重的社会经济问题。从食盐这一侧面，深刻反映了川滇黔军阀这类封建地方军

①张笑春：《近代云南的军阀统治与鸦片》，《云南教育学院学报》1988年第1期，第88—92页、第96页。

②李刚：《民国时期西南军阀统治与鸦片政治探析》，《贵州民族研究》2015年第9期，第197—203页。

③黎虹：《鸦片与民国时期的西南社会》，《西南民族学院学报》（哲学社会科学版）2001年第12期，第139—143页。

阀的破坏性和落后性”[①]。钟长永、宋良曦以四川自贡的盐业为例，分析了盐对于军阀生存和发展的重要性，认为“川、滇、黔军阀对自贡盐业的劫掠和控制，构成了半殖民地半封建社会政治、经济形态的一个侧面。从这一侧面反映了军阀赖以生存和进行战争的经济基础和社会条件。即使在一些特定的情况下，军阀们不得不放松对自贡盐业的掠夺，但这却预示着更大的掠夺”[②]。赵小平指出盐业收入对唐继尧集团的重要性，“军阀的掠夺性本质与盐在云南地方经济上的重要地位，使得唐继尧军阀围绕盐展开了一系列的活动。盐的产、运、销成为唐继尧时期影响云南经济、政治及社会的一个比较突出的因素；滇系军阀在形成、发展、鼎盛及衰落过程中自始至终伴随着对盐的控制战与掠夺战。盐对滇系军阀的发展具有举足轻重的作用”[③]。

（四）云南军阀的重要人物

人物研究是云南军阀史研究者所关注的重要问题之一，研究成果也较多，但总的来看，集中于云南军阀中的一些重要人物。民国时期云南军阀的代表人物主要是3个人：唐继尧、龙云、卢汉，统治时间从护国战争后延续到新中国成立，长达33年，对云南政治产生了重要影响。目前，民国时期云南军阀的人物研究主要集中于这3人。

1. 唐继尧

唐继尧（1883—1927年），又名荣昌，字蓂赓，云南会泽人，滇军创始人与领导者。在护国战争中，与蔡锷联合宣布云南

①林建曾：《试论盐务与川、滇、黔军阀形成发展的关系》，西南军阀史研究会编《西南军阀史研究丛刊》（第二辑），贵州人民出版社1983年版，第61—74页。

②钟长永、宋良曦：《川、滇、黔军阀对自贡盐业的劫掠和控制》，西南军阀史研究会编《西南军阀史研究丛刊》（第二辑），贵州人民出版社1983年版，第125—136页。

③赵小平：《盐与唐继尧时期的滇系军阀》，《盐业史研究》1999年第4期，第11—18页。

独立，护国战争结束后，任云南督军兼省长。护法运动中被推为护法军总裁之一。1927年被迫下野，同年5月23日病死于昆明，是中国近代史上一位颇受争议的人物。

早在唐继尧生前，就有相关著作问世。1917年滇军将领庾恩旸编著了《会泽文牍》（上、下）[①]，同年云南都督府秘书厅编的《会泽首义文牍》[②]收录了云南地区在辛亥革命、护国反袁时期的有关资料集。书中分电报、文告、书牍、杂文4部分，上册记唐继尧致各界电文近百篇，下册记文告及书牍、杂文等，书前有唐继尧小传。庾恩旸编著的《云南首义主干英杰会泽唐公史略》[③]简略介绍了唐继尧的生平、治滇、反袁的斗争以及唐继尧自少年时代至任护国抚军院抚军长的经历。云南督军署秘书厅于1920年编的《会泽督黔文牍》[④]收录大量与贵州辛亥革命有关的史料。

护法运动（1917年7月到1918年5月）中唐继尧被推为护法军总裁之一，并任滇川黔鄂豫陕湘闽八省靖国联军总司令。靖国联军总司令部秘书厅于1923年编撰的《会泽靖国文牍》[⑤]，收录了唐继尧在靖国以后的文牍600余条。《会泽唐氏荣哀录》[⑥]收录了有关唐继尧祖母、母亲家朱太夫人、省三太翁、李太夫人、袁太夫人的祭文、家祭文、挽诗等。

东南编译社编写的《唐继尧》[⑦]对唐继尧一生做了简要的评价，认为“民七以前，唐氏之政治眼光，实先国家而后地方，以为中枢政治不良，大局不彻底解决，则地方受其牵制，一切兴革

①庾恩旸：《会泽文牍》（上、下），云南图书馆1917年版。

②云南都督府秘书厅编：《会泽首义文牍》，云南图书馆1917年版。

③庾恩旸：《云南首义主干英杰会泽唐公史略》，云南开智公司代印1919年版。

④云南督军署秘书厅编：《会泽督黔文牍》，云南图书馆1920年版。

⑤靖国联军总司部秘书厅编：《会泽靖国文牍》，1923年。

⑥佚名编：《会泽唐氏荣哀录》，沈云龙主编《近代中国史料丛刊第五十七辑》，文海出版社1970年版。

⑦东南编译社编：《唐继尧》，东南编译社1925年版。

事宜，不能进行，故不惜为巨大之牺牲，累次对外用兵，以谋真正统一之实现。迨民八以后，目睹时局纠纷日甚，武力不足以戡乱而统一之无望也，乃一变方针，顺应潮流，提倡自治。拟先从事地方之建设，再为全部之改革，此其坚决主张联省自治而积极整理滇省内政之真因”①。

新中国成立后，对唐继尧系统的研究则始于改革开放以来。谢本书的《唐继尧评传》②资料丰富、议论平实、文笔流畅，介绍了唐继尧成长、演变、衰落的历程，不仅有助于人们认识这个历史人物，也利于读者了解近代中国军阀这一历史现象，有助于加深对中国社会性质的认识。刘新春对唐继尧持批评态度，认为“唐继尧参加护国战争的主观动机是投机革命，客观阻挠了护国战争的顺利进行，加剧了军阀割据混战”③。陈长河在梳理了护法运动期间孙中山与唐继尧关系的演变后认为“从表面上看，护法期间，孙唐之间似乎有斗争也有合作，而从本质上看，可以说唐是孙的一贯反对者”④。与之相对应的则是李侃、李占领，他们认为唐继尧在护国运动中有着重要作用，虽然孙中山及其领导的中华革命党的宣传和组织发动起了重要作用，同时也与梁启超、蔡锷等人的积极策划密不可分，但是“首先发动护国起义、宣布脱离袁世凯反动政府的，却是以云南都督唐继尧为代表的西南地方实力派，如果没有唐继尧的参与和支持，护国战争是很难迅速发动起来的，因此，唐继尧对护国战争可谓举足轻重，功不可没”⑤。由郑学溥、成岳冲、李军、徐洪军编著，在香港出版的

①东南编译社编：《唐继尧》，东南编译社1925年版，第126页。

②谢本书：《唐继尧评传》，河南教育出版社1985年版。

③刘新春：《评护国战争时期的唐继尧》，《衡阳师范学院学报》1997年第5期，第78页。

④陈长河：《护法期间孙中山与唐继尧的矛盾斗争》，《近代史研究》1984年第2期，第228页。

⑤李侃、李占领：《护国时期的唐继尧与孙中山、梁启超》，《民国档案》1995年第3期，第71—78页。

《唐继尧传》[①]对唐继尧的评价颇高，提出唐继尧在“中国近代历史上确实是一位杰出人物，不失为资产阶级民主革命的先进领袖之一”[②]。宾长初、刘上琼针对学术界评价唐继尧在护国运动中的历史地位和作用的分歧，提出“如果从中国近代社会的大局着眼，借鉴与传主同时代当事人的评价，并对研究对象取一种‘同情之理解’，设身处地地‘知人论世’，就应对唐继尧在护国运动的历史地位和作用给予充分肯定”[③]。

2. 龙云

龙云（1884—1962年），字志舟，原名登云，彝族，云南昭通人。从1928—1945年前后主政云南18年，是民国时期云南历届领导人中统治时间最长的一位。因此，关于龙云的研究也较多，先后有两位学者撰写了龙云的传记。谢本书的《龙云传》史料翔实、文笔流畅，叙述了龙云从辛亥投军到主政云南，从拥蒋到反蒋，从反共到联共，成为在云南近代史上有重要作用并对全国产生一定影响的政治人物；特别着重分析人物背后所反映的深层社会基础，认为“龙云由一个不知名的武术爱好者变成了著名的反蒋爱国人士，也是由当时中国阶级斗争的发展所造成。离开了中国特定的历史事件，龙云这样的历史人物的出现那就是难以理解的了。‘解剖’一个龙云，对于我们认识民国年间的中国社会，无疑是有益的”[④]。但该书也有不足的地方，如辛平就认为“把‘擂台比武’安排为全书的开头部分，这有些类似小说和戏剧的表现方法，对作为一部学术性研究成果的历史人物传记来说，似

①郑学溥、成岳冲、李军、徐洪军编著：《唐继尧传》，（香港）陈鸿澄发行1997年版。

②郑学溥、成岳冲、李军、徐洪军编著：《唐继尧传》，（香港）陈鸿澄发行1997年版，第172—173页。

③宾长初、刘上琼：《也论历史人物评价的标准问题——以护国运动中的唐继尧为例》，《广西师范大学学报》（哲学社会科学版）2009年第2期，第120—124页。

④谢本书：《龙云传》，四川民族出版社1988年版，第8页。

有损其学术价值。而且有关龙云‘擂台比武’的材料，都来自民间传说，更无当年记载，且传说又不一致，把这个部分排在全书的突出地位，会产生‘有失信史’的影响”[①]。旅美作家江南撰写的《龙云传》[②]从旧时代的地方军人、反蒋的斗士、敢言的勇士3个阶段叙述了龙云的一生军旅生涯和所经历的政治风云，不仅反映了龙云个人刚正不阿的个性，也从一个侧面反映了国民党内部、地方与中央之间及国共之间错综复杂的斗争，尤其是龙云晚年的生涯，特别值得回味。作者从龙云的海外亲属和生前同僚好友等处收集了大量资料，其间包括不少过去从未公开的私人信函，许多过去鲜为人知的史实能见诸传记，使这本书成为评价龙云千秋功过和研究中国现代史，特别是云南地方史的重要参考。但该书之写作因江南遇刺而未尽全功，由旅美作家候榕生整理补撰了第五至七章、第十二至十三章。马子华的《龙云—— 一个幕僚眼中的云南王》[③]是其担任龙云幕僚期间的回忆录，记载了龙云很多鲜为人知的情况。马子华与龙云有世交关系，从1938年开始担任龙云的幕僚，至1949年随龙云由香港返回大陆，与龙云朝夕相处，是龙云的同乡、晚辈、座上客，因此对龙云与中共交往历史的熟知程度是他人无法比拟的。马子华从1938—1962年与龙云交往整整24年，书中记载的一些史实为研究龙云及云南近代史提供了大量资料。[④]

在龙云与蒋介石的关系方面，卜桂林系统地梳理了龙云从“拥蒋”“防蒋”再到“反蒋”，直至双方矛盾激化，龙云被蒋介石软

①辛平：《评〈龙云传〉》，《云南民族大学学报》（哲学社会科学版）1989年第1期，第70页。

②〔美〕江南：《龙云传》，中国友谊出版公司1989年版。

③马子华：《龙云—— 一个幕僚眼中的云南王》，云南美术出版社1994年版。

④郑志惠：《二十世纪云南史学名著介绍（初稿）》，未刊稿，第129页。

禁，双方关系彻底破裂的过程。[①]红军长征经过云南，作为云南地方势力派的龙云既要执行蒋介石的命令，又要防止被蒋介石借机剪除，重蹈贵州王家烈的覆辙，在红军与蒋介石之间巧妙周旋以保存实力。谢本书《红军长征过云南与龙云思想转变的开始》[②]《龙云向长征的红军献地图》[③]《龙云与红军长征过云南》[④]，何玉菲、夏强疆的《红军长征过云南时蒋介石、龙云部署围堵来往密电》[⑤]就生动地叙述了这一历程。

关于以龙云为首的地方政权的"独立性"，陈征平认为："龙云政权的建立不仅与北伐时期国人向往统一的民族主义心理同步发展，并且由同一民族跨境集聚的地区民族特性所致。……该政权寻求地方'独立'特性的一面，则与近代关于邦联体制对地方自治的追求直接相关；又由于民族主义中'排外''对固有文化的保护'等心态作用，使龙云政权地方主义膨胀的倾向又常常受其内在制约。"[⑥]范德伟通过对两件龙云致陈布雷电，即"咿"电和"马"电的考证，认为"两电内容牵涉的是龙云要求兼领黔地的历史问题，牵涉南京中央与西南各实力派的复杂关系。龙云要求设滇黔绥靖公署，始于1935年5月，成于1936年8月，其间经历了中央'剿匪'第二路军司令部、滇黔'剿匪'军

①卜桂林：《论龙云与蒋介石关系的演变》，《上海师范大学学报》（哲学社会科学版）1990年第4期，第66—158页。

②谢本书：《红军长征过云南与龙云思想转变的开始》，《云南社会主义学院学报》1999年第4期，第44—47页。

③谢本书：《龙云向长征的红军献地图》，《民国春秋》1996年第6期，第29—31页。

④谢本书：《龙云与红军长征过云南》，《文史杂志》1997年第2期，第26—28页。

⑤何玉菲、夏强疆：《红军长征过云南时蒋介石、龙云部署围堵来往密电》，《云南档案》1996年第5期，第38—42页。

⑥陈征平：《近代民族主义与龙云地方"独立"政权》，《学术探索》2009年第2期，第104—111页。

司令部的过渡，在两广事变中才实现”[①]。张尚成论述了龙云的主要贡献，认为“龙云因为两件事情可以被认为是当之无愧的抗日英雄：一是组织了二十余万滇军奔赴抗日前线，同时积极支持滇西抗战；二是开辟滇缅公路，打通抗日的国际援华通道”[②]。

3. 卢汉

卢汉（1895—1974年），原名邦汉，字永衡，云南昭通人，彝族。民国时期第4位主政云南的政治人物。关于卢汉的研究集中于20世纪80年代以后。谢本书、牛鸿宾编著的《卢汉传》[③]使用了大量调查材料、档案材料、回忆录，虽然更多地使用了当年云南的报刊，但所使用的材料都是有出处可寻。该书翔实记载了卢汉错综复杂的一生，尤其是卢汉执掌云南大权的4年，生动地描述了卢汉领导的云南和平起义，对“卢汉性格、才智、业绩、过失，都进行了描述和剖析，对他一生功过的评价，也基本上恰合分寸”[④]。在论文方面，对卢汉的相关研究主要集中于台儿庄大捷与云南和平起义。余建勋、杨炳麟《云南子弟兵血战台儿庄》[⑤]，何玉菲《滇军血战台儿庄——抗战时期台儿庄大战中龙云与卢汉来往密电》[⑥]叙述了卢汉率领滇军参加台儿庄战役的情况。卢汉率部入越被学界认为是蒋介石为解除龙云对云南的统治精心策划的结果，研究者在这个问题上多强调蒋介石的因素，而忽略了云南地方实力派在这个问题上的主动性因素。左永平在《论云南地方实

①范德伟：《对龙云欲兼领黔地致陈布雷“智”“马”两电年月的订正——兼论龙云兼领黔地事》，《中国国家博物馆馆刊》2015第4期，第147—155页。

②张尚成：《龙云的历史贡献》，《思想战线》2013年第S1期，第29—32页。

③谢本书、牛鸿宾：《卢汉传》，四川民族出版社1990年版。

④林增平：《卢汉传·序》，谢本书、牛鸿宾《卢汉传》，四川民族出版社1990年版，第2页。

⑤余建勋、杨炳麟：《云南子弟兵血战台儿庄》，《云南社会科学》1985年第6期，第4—8页。

⑥何玉菲：《滇军血战台儿庄——抗战时期台儿庄大战中龙云与卢汉来往密电》，《云南档案》1995年第3期，第39—43页。

力派在卢汉入越问题上的主动性》[①]中认为，卢汉入越主观上是云南地方实力派基于对战后形势的判断主动抉择的结果。鄢朝敏和李可梳理了卢汉从起义思想的萌发到起义时机的成熟直至实行起义的全过程，认为云南起义导致蒋介石在云南建立游击走廊的计划破灭，加速了解放战争的进程。[②]

三、进一步推进云南军阀史研究的讨论与建议

自20世纪80年代至今的40年间，云南军阀史研究取得了丰硕成果。从早期研究焦点主要集中在政治、军事层面，到21世纪初以来借鉴其他学科的研究方法，焦点呈现多元化，呈现“拓展旧议题、开辟新议题”的格局。

就当前有关云南军阀史的部分代表性研究成果现状而言，该研究已形成一定规模，不仅长期受到云南本土学群的关注（如谢本书教授自20世纪80年代初开始云南军阀史研究以来，便一直赓续不断，公开发表和出版了数十篇/部论著），更引起了云南省外学者的关注，使有关云南军阀史的研究成果，无论是在研究内容还是在研究方法视角层面，都取得了长足进展。然而，研究过程中仍有相对不足的层面，仍有许多重大课题和基础研究值得进一步深入挖掘和探讨。笔者不揣浅陋，提出以下建议，仅供参考。

其一，进一步挖掘、整理和出版云南军阀史料。云南军阀史料相对分散，留下的系统史料很少。要想进一步拓展云南军阀研究空间，提升研究水平，史料拓展是最基础的工作。可沿如下思路进一步挖掘整理云南军阀史料：一是把浩如烟海的近代史资料

①左永平：《论云南地方实力派在卢汉入越问题上的主动性》，《云南师范大学学报》（哲学社会科学版）2003年第1期，第49—52页。

②鄢朝敏、李可：《试论卢汉起义在西南解放战争中的地位和作用》，《昆明师范高等专科学校学报》1990年第4期，第24—31页。

中有关云南军阀的部分分拣出来进行归类整理；二是以云南军阀和与云南军阀有关的人物为线索，把这些人物与云南军阀有关的活动、思想梳理清楚，记录这些人物的活动与思想的资料也就是云南军阀史料，包括回忆录、日记、文学作品等；三是以军阀统治时期的众多军、师为线索，搜寻、整理云南军阀的地方史料；四是搜集民国云南军队体统创办的刊物及相关报刊资料；五是整理云南军阀留下的相关函电、档案等。若能如此，云南军阀史料必将发掘得更为充分，这些资料若能得到收集整理出版，必将推动云南军阀研究。

其二，云南军阀“史实”的考订。在云南军阀统治的33年时间里，由于战火和政局变动的原因，档案资料损毁较多，如唐继尧离滇时就放火烧毁3间房屋的档案。[1]诸如此类的事件导致云南军阀“史事”较为分散、零碎，云南军阀的历史很多都是靠当事人事后回忆，“回忆”在一定程度是史实的再造，不一定完全正确，而准确的史事是历史研究的前提，准确、客观的史事来自原生态的史料和原生态的历史。拓展、深化云南军阀研究的前提就是系统整理纷繁芜杂的云南军阀原生态史料，在依据这些史料的基础上，通过细致的史实考订，还云南军阀本来面目。此外，云南军阀虽在1949年消亡，但相关人物却在，梳理这个群体的人生轨迹，也有利于全面认识云南军阀在云南乃至中国近代史上的地位和作用。

其三，研究视角、理论和方法的创新与拓展。历史事实是唯一的，但历史研究方法却在变化。研究视角、理论和方法的创新和拓展，往往是推动历史研究前进的重要动力。适当变换研究视角，有可能拓出新的思维空间，延伸出新的问题意识。对云南军

①金汉鼎：《唐继尧图川和顾品珍倒唐的经过》，全国政协文史资料委员会编《文史资料精华丛书（从辛亥革命到北伐战争）》，安徽人民出版社2000年版，第400页。

阀的研究，在沿用革命史、政治史框架的同时，亦可从经济史、社会史、思想史角度进行研究。如深入研究云南军阀社会基础，研究云南军阀的依靠力量，从社会史角度研究云南军阀的组织网络和人际关系网络，特别是以省为单位的社会群体研究，有助于探究相关社会群体与云南军阀的关系。这些新的研究视角、方法在近年来如郭卫东[1]、段金生[2]的研究中已有所体现，但这类研究仍远远不够。

总之，随着史料的搜集和整理更广泛、更深入，研究视角更为宽广、方法更趋完善、主题更为多样，我们有理由期待一部客观、公正、翔实的《云南军阀史》面世，也有理由期待云南军阀史研究有新的进步。

（朱强，云南大学历史与档案学院博士研究生，研究方向为云南地方史、民族史）

①郭卫东：《“打倒军阀”语境下的唐继尧之死》，《军事历史研究》2015年第3期，第80—88页。

②段金生：《地方势力的国家参与：变局中边疆实力派的政治选择——抗战爆发前后龙云言行的观察》，《民国档案》2016年第2期，第90—99页。

薪火相传　再创辉煌

——云南省社会科学院历史、文献研究所六十余载光辉历程

杜　娟　陈　曦

一、历史沿革

云南省社会科学院历史、文献研究所最早的前身是1956年8月8日成立的云南省少数民族社会历史研究所，简称云南省民族研究所。1962年，云南大学云南省历史研究所并入，云南省民族研究所更名为云南省历史研究所，下辖民族、地方、国际等多个研究室。1980年云南省社会科学院成立后，国际、民族、宗教等研究室陆续从历史研究所分出，单独组建研究所。1982年省社科院成立文献研究室，1992年更名为文献研究所。2006年，历史研究所与文献研究所合署办公，成立云南省社会科学院历史、文献研究所。

分别于1956年和1958年成立的云南省少数民族社会历史研究所与云南大学云南省历史研究所是云南省社会科学院历史、文献研究所的两大源头，奠定了历史、文献研究所的学术研究根基。1956年8月8日，云南省委为配合中央民族调查工作组即将来云南进行民族社会调查工作，成立“云南省少数民族社会历史研究

所”。时任云南省委边疆工作委员会书记的孙雨亭任所长，侯方岳任副所长，编制30人。办公地点设在昆明翠湖东路12号。1957年以后，“下放一大批干部到农场，历史所编制缩减二分之一；同时又决定：‘研究所迁入民委，合署办公’”[①]。云南省民族研究所成为云南省民族事务委员会下属的一个部门。1960年11月，云南省民族研究所与云南少数民族调查组迁入云南民族学院办公，由时任云南民族学院党委书记的贾敦芳兼任云南民族研究所所长，侯方岳任专职副所长。为做好民族调查工作，全所分为直接过渡区各族分组（组长王菁、谭碧波代，副组长田继周、桑耀华），彝语支各族分组（组长杜玉亭，副组长詹承绪），傣族、壮族、布朗族分组（组长黄惠焜，副组长曹成章、刀永明），云南通史分组（组长李凤云）和东南亚分组（组长张凤歧，副组长朱昌利）共5个研究分组，其中3个民族调查研究分组的领导多为由所代管的中国科学院民族研究所和云南民族调查组的调查研究人员担任。[②]

1962年，云南大学云南省历史研究所与云南省民族研究所合并，成立“云南省历史研究所”。云南大学云南省历史研究所成立于1958年，经云南省委批准，云南大学历史系成立中国科学院昆明分院“云南省历史研究所”，编制12人，由方章教授兼任所长。云南大学云南省历史研究所与云南省民族研究所合并以后，侯方岳任所长，所内含括民族、地方、国际等多个研究室。到1965年，加上代管的中国科学院民族研究所和民族调查组长期驻所干部，历史所已发展到56人。[③]此后受“文化大革命”的影响，

①侯方岳：《云南省历史研究所成立三十周年》，云南省社会科学院历史研究所编《研究集刊》1986年第2期。

②《历史文献所五十余载的发展历程》，《云南社会科学院30周年》，云南人民出版社2008年版，第131—136页。

③《历史文献所五十余载的发展历程》，《云南社会科学院30周年》，云南人民出版社2008年版，第131—136页。

历史所的发展一度放慢了脚步，1972年历史所工作恢复，归入云南大学管辖，20世纪70年代末期划归省委宣传部代管，对外仍称为云南省历史研究所。

1980年云南省社会科学院成立，云南省历史研究所迎来了新的历史机遇。历史研究所划属云南省社会科学院。此后为适应社会发展的需要，相关研究室分出单独组建研究所：1981年11月，以历史所东南亚研究室和印度巴基斯坦研究室为基础筹备成立省东南亚研究所，1982年底正式从历史所分出；1984年11月，以历史所民族学、民族史两个研究室合并成立省民族学研究所，以宗教室设立省宗教研究所，均由社科院领导。在此背景下，历史研究所的科研队伍立足云南地方史研究，不断开拓新的研究方向，在专业化、纵深化的基础上形成多元化的研究格局。建院后至2006年的历任所长（含主持工作副所长）有：侯方岳、刘克光、谢本书、荆德新、郭净、段玉明和颜恩泉。1982年2月，云南省社会科学院文献研究室正式成立，编制5名。为顺利开展工作，文献研究室在云南省图书馆租房办公，并由云南省图书馆馆长吴锐兼任该研究室主任。1987年8月，施之厚担任研究室主任。1990年迁回社会科学院办公。1991年9月，李春龙任研究室主任。1992年，更名为“云南省社会科学院文献研究所”。2006年前的历任所长（含主持工作副所长）有：李春龙、王文成、刘景毛、胡华生。

2006年，根据云南省编制办公室有关文件精神及院机构调整，文献研究所与历史研究所合并，成立历史、文献研究所，胡华生任所长，颜恩泉、刘景毛任副所长。2009—2012年，杜娟任所长，刘景毛、李吉星任副所长。2013—2018年，杜娟任所长，康春华、刘欣任副所长。2018年至今，杜娟任所长，刘欣任副所长。截至2020年11月，历史、文献研究所共有在职科研人员10名：杜娟，博士，研究员；蒋文中，学士，研究员；孙大江，硕士，副研究员；梁初阳，博士，副研究员；刘鸿燕，博士，副研究员；欧阳洁，博士，副研究员；苏醒，博士，副研究员；曾黎梅，在读博士生，副研究员；马颖娜，博士，助理研究员；陈曦，博士，助理研究员。所务秘书1人：钱稳林。

二、学科建设

（一）搭建云南民族学、地方史、东南亚南亚学科研究基石

云南省民族研究所与云南省历史研究所时期，除积极配合国家大政方针，进行少数民族社会历史调查研究以外，云南地方史和东南亚南亚研究也一直是研究所的工作重点，由此也形成了立足云南边疆、服务国家战略、放眼东南亚的学科研究格局。

云南省民族研究所应云南少数民族社会历史调查而生，“着重研究边疆各少数民族的社会情况。从理论上摸索研究党在各种民族地区的政策措施，逐步积累资料和摸索研究方向”[①]。1956年9月15日，云南省委抽调干部会同中央派往云南工作人员成立“全国人民代表大会民族委员会云南少数民族社会历史调查组”，简称“云南民族调查组”，由费孝通任组长，方国瑜、侯方岳任副组长。云南民族调查组办公室设在昆明翠湖东路12号，设翻译小组和史料编辑小组。云南省民族研究所与云南民族调查组合署办公，研究所干部、科研人员大部分参与了云南少数民族社会历史调查以及相关的行政后勤工作。云南民族调查组下设3个分组，分赴思茅专区西盟佤族地区、德宏自治州景颇族地区、丽江专区怒江傈僳族地区开展调查工作。另外，调查组抽出一部分力量，汇编印刷佤、傈僳、景颇、傣等民族的文献史料，由方国瑜、侯方

①《历史文献所五十余载的发展历程》，《云南社会科学院30周年》，云南人民出版社2008年版，第131—134页。

岳、江应樑负责。[1]1958年7月16日，中国科学院民族研究所正式提出了《民族研究工作大跃进的规划》。云南省民族事务委员会积极响应，一场更大规模的少数民族调查和“三种丛书”编写浩大工程在云南轰轰烈烈地迅速展开。据侯方岳回忆，“北京各高等院校及文教机关共抽干部、师、生（高年级学生）100多人来云南，我省高等院校文教机关也抽出干部师生120余人；各地、州、县市派出干部、翻译百人，共330余人，是全国最大的一个调查组。由我任组长，方国瑜、林耀华两教授副之”[2]。所内科研工作者怀着集体主义荣誉感和一往无前的大无畏革命精神，抛弃一切私心杂念，克服艰难险阻，历经磨难，创造出了中国民族学和人类学研究领域历史的辉煌。[3]

除了少数民族社会历史调查研究以外，云南地方史和南亚、东南亚研究也是云南省民族研究所的工作重点。1962年，由云南省委指令，云南大学云南省历史研究所与云南省民族研究所合并，下设民族研究室、东南亚研究室、云南地方史研究室。在开展民族调查的同时，侯方岳留守昆明主持后勤，并邀请云南省政协文史馆、参事室专家集中于省图书馆，摘抄古代历史文献中关于云南地方、民族史料，为此后的地方史研究积累了资料。“鉴于云南省界和我国西南国界元明清三代变化很大，而滇西北涉及西藏，云南二十几个少数民族与东南亚各民族历史关系密切，除按云南省‘南诏’‘大理’最大版图时摘抄史料外，顺便将西藏

①《全国人民代表大会民族委员会、云南少数民族社会历史调查组1956年—1957年度调查研究计划（修正方案）》，云南民族调查组，1956年11月5日。

②侯方岳：《云南省历史研究所成立三十周年》，云南省社会科学院历史研究所编《研究集刊》1986年第2期。

③《历史文献所五十余载的发展历程》，《云南社会科学院30周年》，云南人民出版社2008年版，第131—135页。

和东南亚各国历史、民族资料同时抄出。”[①]其中，对涉及东南亚各国中文文献资料的收集整理翻译工作为南亚、东南亚研究奠定了基础。1963年、1964年历史所相继设立东南亚研究室和印度巴基斯坦研究室。20世纪70年代主要开展的研究项目有越南华侨问题研究、中缅友好交往史及与周边国家的跨境民族研究等等。[②]

（二）建构云南近代史学科体系、放眼西南文化

1980年云南省社会科学院成立，经过学科调整后的历史研究所在云南地方史领域继续深入研究，尤其在云南近代史领域深耕细作取得了突破性的成绩。20世纪90年代中期以后，历史研究所聚焦云南社会历史、民族文化变迁，不断开拓新的研究领域，学术视野覆盖西南地区。

1980年前后全国地方史研究方兴未艾，各省市县普遍开始纂修省区“通史”、志书。云南地方史研究在古代史领域取得了不少重要成果，而近现代史的研究则处于较为薄弱的地位。近代云南各族人民团结爱国、开发边疆、保卫边疆，在反抗封建压迫和外来殖民侵略斗争中的许多重大事件（其中不少是具有全国性意义的）还没有得到充分反映，甚至有的基本线索还不是很清晰。因此，早在1978年，历史所就明确提出恢复和发展对各民族历史和地方史的研究，阐明云南各民族在祖国大家庭中团结爱国、开发和保卫边疆的贡献，总结边疆各民族人民在党的领导下，从各个不同的历史发展阶段跨越若干世纪过渡到社会主义的丰富经验。此时的历史所已经逐渐聚集起一批对地方历史素有研究的学者。云南省社会科学院成立后，“云南近现代各族人民反帝反封建的爱国主义斗争”被列为历史所“七五”规划的重点研究主题之一。当时列入省级重点项目的有《云南近代史》、《当代云南

①侯方岳：《云南省历史研究所成立三十周年》，云南省社会科学院历史研究所编《研究集刊》1986年第2期。

②《历史文献所五十余载的发展历程》，《云南社会科学院30周年》，云南人民出版社2008年版，第135页。

专题研究》、“云南近代爱国主义丛书”等。科研人员从云南近代护国运动、滇西抗战等具有全国影响的事件率先突破，对云南重要历史人物、专题领域展开了深入的研究。“八五”期间，历史所开始承担《云南通史》的组织与主要编纂任务，在以往的研究基础上，力图从中华文明发展以及国际文化交流的宏观视角对云南历史进程做出理论性的概括。

云南省社会科学院成立后，少数民族研究任务主要为民族学所承担，民族史研究转化为内容丰富的民族文化研究，充实了对云南社会历史的认知。20世纪80年代初，科研人员再度深入滇南、滇西、滇西北边疆民族地区以及四川凉山州，对傣、哈尼、彝、纳西、白、基诺、蒙古、布依、景颇、佤等民族进行社会历史调查，前后参加者近百人次，收集整理的文字资料达百余万字，并且拍摄了大量珍贵图片，为地方史的研究提供了资料。20世纪90年代中期以后，历史所研究方向日趋多元。一方面这是历史研究不断深化的必然结果，另一方面省内外、国内外广泛的学术交流也开阔了历史所的视野。历史所的研究重点从政治、军事领域扩展到社会经济文化的各个方面，相继开展了科技史、文化史、经济史、交通史以及对外关系史的研究，明确了开展“西南文化研究”的新方向。1996年在云南省社会科学院的支持下，历史所开始编写《中国西南文化研究》系列丛书，以此为平台，整合西南历史学者的力量，充分利用历史所多年文献整理和田野调查积累的资料，倡导跨学科的研究方法，以云南为中心，多角度深入探讨西南文化的内涵，“为开拓21世纪的中国文化贡献一份力量”[①]。历史所还与相关部门或单位合作，承担了不少横向课题的研究任务。历史所在传统优势学科不断发展的基础上进一步寻求新的课题方向和开拓新的研究领域。

---

①何耀华：《开拓21世纪的中国文化——〈中国西南文化研究〉·序》，《中国西南文化研究》第1辑，云南民族出版社1996年版，第2页。

（三）接续文脉，打造云南地方史研究团队

2006年，文献研究所与历史所合并，成立历史、文献研究所后，对科研规划进行了相应调整，确定了新的目标：坚持历史、文献学学科发展方向，扎实推进云南历史、文献研究，为建设民族文化强省添砖加瓦；注重与民族学、社会学等学科的交流与融合，多角度开展历史文化与社会研究；在立足基础性理论研究的基础上，服务好党和政府的中心工作。

历史、文献研究所主持承担了《云南大百科全书·历史卷》、“云南历史上重要人物、重大事件及其影响”等重大的历史文化工程。《云南大百科全书》是省委、省政府着眼于推进民族文化强省建设做出的一项重要决定，是民族文化强省建设的基础性、标志性工程，也是传承优秀传统文化，展示民族文化强省建设成就的重要载体。云南省社会科学院作为《云南大百科全书·历史卷》牵头责任单位，在历史、文献研究所成立了编委会办公室、分卷编辑部，负责全书编纂工作的具体执行。自2010年编纂工作正式启动以来，历史所以高度的责任感、使命感，认真履行工作职责，全力支持配合做好编纂工作，圆满完成了各项编纂任务。《历史卷》的编纂工作在形成一部高质量、基础性学术成果的同时，对历史所学科建设也产生了积极的影响：第一，对学科理论研究的最新动态掌握更加全面深入、学科基础更加夯实；第二，学科研究领域扩展、学术影响力显著提升；第三，学科队伍建设得到大力推进，培养和锻炼了一批能力强、业务精、作风好的中青年业务骨干，为云南省社会科学院、云南省史学研究的薪火相传和优秀传统文化的现代性转化和创造性发展，培育、储备了一批专业人才。

党的十九大以来，历史、文献研究所积极响应云南省社会科学院重点学科建设的战略部署，启动“云南历史上重要人物、重大事件及其影响”研究规划。通过整合历史、将文献研究所的研

究力量，在已有的地方史研究成果基础上，将文献研究与田野调查相结合，发掘云南省历史文化资源，为干部群众了解云南省省情提供坚实可靠的文本。同时，完成《三迤之光·云南十大历史人物》《三迤之光·云南十大历史事件》的编辑出版工作。

在全力锻造精品工程、坚持地方史研究为导向的基础上，历史、文献研究所鼓励研究人员广泛吸收民族学等交叉学科的养分、观照社会现实问题，以“云南专史丛书”、《中国西南文化研究》为载体，推动历史、文献所地方史研究向精细化、深入化发展。历史、文献研究所现有科研人员专业背景涵盖了云南地方史、民族史、社会史、历史文献学等多个学科，形成了梯次有序、学科结构合理的研究团队。在“云南历史上重要人物、重大事件及其影响”等研究项目中，已实现了从远古至近当代，云南历史各历史阶段均有专人负责，“包干到户”，深耕细作，目前已初见成效。

三、科研成果

（一）云南省民族研究所与云南省历史研究所时期

“文化大革命”之前，历史研究所除完成民族社会调查工作外，地方史、东南亚研究领域也产出了丰硕的科研成果。1960年完成的科研项目就有《护国运动》《杜文秀起义》《英法帝国主义在近代对云南的侵略活动》《论中缅友好关系史》《侨乡人民公社史》《缅甸的滇侨》等6个科研项目，共计21万字左右。[1]另外，还参加了《云南冶金史》的编写工作约40万字，编辑了《中缅友好关系资料汇编》等6份资料约200万字，翻译了《吴努传》等著作23万字。

①《云南省历史研究所关于工作情况和今后工作意见的报告》，云南省历史研究所办公室，1960年12月30日。

20世纪70年代初，云南省历史研究所恢复工作后，历史所传统优势学科——地方史、民族学研究得以继续深入开展。民族学方面，进行了云南少数民族社会形态和家庭的调查研究，主要有永宁纳西族母系社会婚姻制度的调查、景洪县基诺族的民族识别以及彝族、傣族、白族等民族的社会调查等，参与了许多民族调查资料、民族简史简志和自治地方概况丛书的编写或研究，为此后一系列专题研究的深入开展进一步奠定了基础，如《凉山彝族奴隶制》（1977年）等。1976年以后为参加编写《云南少数民族》一书，一些科研人员再次深入边疆民族地区进行实地调查。此外，还出版了《云南蒙古族简史》（云南人民出版社1979年版）。地方史方面，参与了《云南古代史略》《云南近现代史概略》《红军长征过云南史话》等项目的研究和著作编写。历史所一贯注重地方历史资料的收集整理，继20世纪60年代印行《明实录有关云南资料汇编》（云南人民出版社1959年版），20世纪60—70年代又进行《清实录有关云南资料汇编》（云南人民出版社1984年版）。1974年编写《云南近代历史大事记》。1979年底经省委宣传部批准，历史所编辑发行《云南现代史研究资料》，主要收集整理从五四运动到云南解放这一段时期的党史及地方史资料，包括文字、图片等。20世纪70年代开展的国际问题研究项目——越南华侨问题曾在《研究集刊》上内部编印专集，内容包括越南华侨历史、华侨在越南经济文化发展中的作用等。

（二）云南省社会科学院历史研究所时期

20世纪80年代起，云南省社会科学院历史研究所在云南地方史、民族史领域取得了丰硕的成果，研究领域不断深化拓展，民族文化史、社会问题研究欣欣向荣。文献研究（室）所文献整理也成绩斐然。

云南近现代史研究领域突破性成果不断涌现。1993年由云南人民出版社正式出版的《云南近代史》，是历史所多年集体研究的一项重要成果，也是当时第一部完整系统的近代云南断代史。3卷本《西南军阀史》的研究不仅集中了各省区的专家，也是在各自大量研究成果的基础上形成的一部全国性的重要专题史。20世纪80年代初到90年代中后期，历史所取得了一大批关于地方近现代史的研究成果，主要有《杜文秀起义》《中法战争论丛》《抗法英雄项从周》《云南辛亥革命史》《护国运动史》《云南抗日战争史》《唐继尧评传》《龙云传》《卢汉传》《聂耳传》《蒋介石和西南地方实力派》《基诺起义》《云南民族政治制度史》《近代云南各族人民的爱国主义斗争》等等，这些成果填补了不少云南地方史研究的空白，使云南近现代地方史的研究获得了突破性的进展。此外，关于“一二·一”运动史、云南五四运动、近代殖民侵略中的传教问题、边疆各族人民反抗殖民侵略的重大事件等专题的研究也获得了较多的成果。在上述过程中，研究者们还在各类学术刊物上发表了大量的论文。在上述成果获得的同时还编辑出版了一批资料集，如《云南回民起义史料》《云南辛亥革命史资料》《护国文献》《一二·一运动史料选编》等等。历史所还承担了不少横向课题的研究任务，如《中国大百科全书·云南卷》（中国大百科出版社1986年版），参与编纂《云南词典》（云南人民出版社1993年版）等。

民族史与民族文化研究继续深化。《云南少数民族》一书1980年由云南人民出版社初版后，历史所科研人员再度深入滇南、滇西、滇西北边疆民族地区以及四川凉山州进行民族社会历史调查，前后参加者近百人次，收集整理的文字资料达百余万字，并且拍摄了大量的珍贵图片。1983年《云南少数民族》再版重印时，增补了大量的实地调研资料，字数由20万增至45万。实地调研还为地方史的研究提供了资料，这时期形成的成果有《云南县名考释》《云南主要历史人物及主要地名沿革》等。还延伸开展了跨境民族与对外关系的研究。《中国西南与东南亚的跨境民族》（云南民族出版社1988年版）是云南跨境民族研究的开先河之作，《老挝史》（云南大学出版社1990年版）填补了国内东南亚研究方面的空白。有关云南对外交流、跨境民族历史以及当代的经济与社会问题等都有深入的研究，有关著作分别荣获中国图书奖、云南省青年哲学社会科学优秀成果一等奖等多项奖励。

在20世纪90年代文化学方兴未艾的背景下，历史研究所拓展“西南文化研究”的新方向。在聚焦云南的基础上，整合西南学界力量，深入探讨西南历史文化的内涵。经过艰苦的文献和田野资料收集，以及跨学科研究方法的运用，产出了丰富多彩的学术成果。比如《南诏编年史稿》（云南人民出版社1993年版）、《云南民族政治制度史》（云南人民出版社1996年版）、《白族心史：〈白古通记〉研究》（云南民族出版社2002年版）、《大理国史》（云南民族出版社2003年版），以新颖的视角对云南地方政治史进行了论述。《云南科学技术史稿》（云南科技出版社1992年版）、《中国纸和造纸法传入印巴次大陆的路线》（《历史研究》1992年2月）、《中国铅同位素考古》（云南科技出版社2000年版）填补了云南科技史的空白。《白族哲学思想史》（云南人民出版社1992年版）、《中国少数民族道德史》（云南人民出版社1998年版）、《中国面具文化》（上海人民出版社1992年版）、《中国寺庙文化》（上海人民出版社1992年版）、《西南寺庙文化》（云南教育出版社1992年版）、《心灵的面具：藏密仪式表演的实地考察》（上海三联书店1998年版）对云南民族哲学思想、宗教文化进行了深入研究。

云南省社会科学院文献研究室（所）自1982年成立至2006年与历史所合并前，对云南省的文献典籍做了许多有益的研究整理工作。点校整理出版了《护国诗词选注》（1987年）、《唐文云南史料辑抄》（1989年）、《云南光复纪要》（1991年）、《云南书目》（1993年）、《滇海虞衡志》（1993年）、《续滇南碑传集校补》（1993年）、《道光云南志钞》（1995年）、《云南掌故》（1996年）、《云南史料选编》（1997年）、《护国司南抄》（2000年）、《正续云南备征志精选点校》（2000年）、景泰《云南图经志书》（2002年）、《永昌府文征·记载》卷一至卷二十六（2002年）、《滇南碑传集》（2003年）、《〈滇系〉云南经济史料辑校》（2004年）、《肇域志》（2004年）、康熙《姚州志》与康熙《黑盐井志》（2005年）、《鸡足山志点校》（2005年）。其中，《正续云南备征志精选点校》获得云南省第八届图书奖二等奖，参与点校的全国性志书《肇域志》于2007年荣获首届中国出版政府奖。

历史研究所与文献研究室（所）还编辑有多种研究辑刊。始编于1979年资料性的《云南现代史研究资料》至1983年改版为《云南现代史料丛刊》，前者共编14辑，后者编8辑，收集了不少关于云南党史、现代史的第一手资料，许多为当事人撰写的回忆录。学术刊物《研究集刊》最早始编于1964年，称《云南省历史研究所集刊》，中间数度中断，20世纪70年代定名《研究集刊》，1982年由16开改版为32开本，至1992年共印行34期。所刊载论文多具有较高学术价值，在80年代中后期至90年代初产生过较大影响。1993年后开始编辑公开出版的《中国西南文化研究》。文献研究室1992年创办学术性内部刊物《云南文献》，每年出1至2期。截至1997年，共出版正刊5期，增刊2期，刊载论文81篇70余万字，专书、资料集各一本44万字。

（三）云南省社会科学院历史、文献研究所时期

2006年合并后的历史、文献研究所在云南地方史研究、民族文化、文献整理、社会问题等领域均有丰富成果。出版专著、论文集、古籍整理70余部；发表研究论文、研究报告、决策咨询等246篇，其中核心期刊（CSSCI）29篇（包含一级一类刊物1篇、一级二类刊物1篇），决策咨询、智库要报20余篇；主持、参与完成

各级科研项目80项，其中国家级项目8项，2项以优秀等级结项、2项以良好等级结项，省部级项目15项，院级课题37项，横向课题20余项。

第一，《云南通史》成为新时期云南地方史研究的标杆与开拓创新的基石。

6卷本300多万字的《云南通史》于2011年由中国社会科学出版社正式出版，荣获云南省第十六次哲学社会科学优秀成果特等奖、中国社会科学出版社年度优秀图书奖。《云南通史》是历史所3代科研工作者，历时十六载辛勤耕耘的成果，对云南从远古至1949年的历史进行了全面的梳理，清晰地勾画出了云南历史发展的基本线索，是系统了解云南历史的重要著作。历史、文献所学人历年来在云南古代史、云南近现代史研究领域取得的优秀成果，诸如大理国史、杜文秀起义、中法战争、辛亥革命、护国运动、“一二·一”运动以及西南军阀史、滇缅印反法西斯战争史、红军长征史、中共党史等专题研究，以及对云南地方古籍文献的抢救、整理取得的成绩，在《云南通史》中都得以集中展现。

第二，云南地方专史研究成果丰硕，涉及政治军事、社会民生与民族文化、民族宗教等诸多主题。

政治军事方面，着重探讨边疆治理、中外交往、抗日战争等问题。《云南专史丛书·岑毓英治滇研究》（云南人民出版社2018年版）、《中国西南文化研究·云南边疆治理研究论集》（云南人民出版社2019年版）、《明代云南腾冲筑城述论》（《思想战线》2010年第5期）、《晚清厘金与云南财政变革》（《云南社会科学》2014年第2期）、《岑毓英国防思想在中缅边界危机中的实践》（《云南民族大学学报》2014年第3期）、《民国政府边疆治理中的顿挫与困局》（《西南边疆民族研究》2014年）、《近代西方人士考察中国西南边疆的重要著述：〈代理领事李敦滇西北旅行报告〉研究》（《学术探索》2015年第3期）等研究成果，聚焦政治方略、边疆治理，延续了老一辈学人扎实稳健的治学风格；《边疆社会各阶层对民国政府“殖边”的态度和应对：以云南军都督府经营怒俅为例》（《云南社会科学》2015年第5期）、《边疆危机与清末社会动员：以“片马事件”的舆论参与为例》（《新闻与传播研究》2017年第10期）等文章还引入了社会参与、舆论学等全新的研究视角。《地缘博弈与地缘跨越——云南近现代史理论问题探索》（《云南社会科学》2013年第4期）、《中国西南文化研究·云南对外交往研究》（云南人民出版社2018年版）则分别从地缘博弈、国际交往等视角对云南历史进行了宏观理论概括和细致研究。《中国西南文化研究·云南抗日战争研究》（云南人民出版社2016年版）、《扬中华英雄正气，抒民族复兴豪情：铁血丹心的民族英雄周保中》（《中国民族报》，2018年9月18日）关注抗日战争，弘扬了民族精神。

社会民生与民族文化的研究成果丰富多彩。《云南专史丛书·云南移民与古道研究》（云南人民出版社2012年版）、《中国西南文化研究·妇女与社会性别专题研究》（云南人民出版社2015年版）、《云南专史丛书·近代云南沿边土司社会研究》（云南人民出版社2018年版）、《乡国之间：近代云南乡规民约浅析》（《天津行政学院学报》2013年第1期）等成果关注云南历史的不同面相，把握住了社会变迁的脉动轨迹。《云南民族影像》（晨光出版社2006年版）、《云南苗族与世界蒙人的关系》（云南科技出版社2008年版）、《云南民族文化探源》（中国社会科学出版社2007年版）、《雪山之书》（云南人民出版社2012年版）深入展现了云南民族文化的多样性，其中《雪山之书》荣获云南省第十七次哲学社会科学优秀成果二等奖，豆瓣评分8.7。云南特色物产——特别是茶文化的历史内涵得到了阐发，出版有《云南古代物产大系》（燕山出版社2010年版）、《中国普洱茶》（中国水利水电出版社2006年版）、《中华普洱茶文化百科》（云南科技出版社2011年版）、《云南专史丛书·茶马古道研究》（云南人民出版社2014年版）、《云南特色文化产业丛书·茶艺卷》（云南人民出版社2015年版）等著作。

云南本土宗教史、学术史得到了关注。《云南与巴蜀佛教研究论稿》（宗教文化出版社2006年版）、《云南阿吒力教经典研究》（中国书籍出版社2008年版）对云南历史上的宗教文化进行了深入分析。《云南专史丛书·云南纪录影像口述史》（云南人民出版社2012年版）、《中国西南文化研究·民族调查资料选辑》（云南人民出版社2015年版）、《中国民族志电影先行者口述实录》（云南人民出版社2014年版）、《云南民族调查史料钩沉》（云南人民出版社2016年版）梳理了民族调查的光辉事迹与学术遗产。《〈学术探索〉前身〈学术研究〉与云南马克思主义史学的建立》（《学术探索》2014年第7期）、《中心与边陲的互动：民国时期第九届全国教育会联合会与云南教育的发展》（《西南边疆民族研究》2018年第2期）对近现代云南学术进行了细致的个案研究。

文献整理出版持续推进。刘景毛等点校《新纂云南通志》（云南人民出版社2007年版）被云南省新闻出版局列为“重点选题和骨干工程”。此外，还点校出版了《中华大藏经续编》（北京图书馆出版社2007年版）、《清代云南稿本史料：边州闻见录》（上海辞书出版社2011年版）、《林文直公奏稿校注》（中国书籍出版社2012年版）、《万历云南通志》（中国文联出版社2013年版）、《茶马古道文献考释》（云南人民出版社2013年版）、《中国西南文化研究·元代滇诗辑注》（云南科技出版社2013年版）、《谭钧培治滇奏疏》（云南美术出版社2014年版）、《云南历代文选·传记卷》（云南教育出版社2014年版）、《云南历代文选·碑刻卷》（云南教育出版社2014年版）。完成嘉庆《临安府志》的点校工作。

此外，还有《唐代蠲免政策研究》（中国书籍出版社2014年版）、《宋代家训与社会整合研究》（云南大学出版社2015年版）等断代史研究成果。

第三，主持和参与完成多项国家、省、院课题，夯实基础理论研究的同时，积极建言献策、服务社会。

2006年以来历史、文献研究所科研人员主持和参与完成的国家项目如下。侯冲主持完成国家青年项目“云南阿吒力教经典研究”（02CZJ001），鉴定等级：良好；杜娟主持完成国家社科基金项目“西南少数民族农村社会结构和社会控制与艾滋病问题研究”（07BSH026），鉴定等级：良好；康春华主持完成国家社科西部基金项目“晚清云南督抚治理边疆基层社会研究”（10XZS011），鉴定等级：合格。参与完成国家社科基金西部项目“三江流域少数民族农村社区社会结构变迁与发展研究”（07XMZ014）；参与完成国家社科基金一般项目“宋元明时期城乡市场发展与货币流通格局的演进”（05BJL052），鉴定等级：良好；参与完成国家社科基金西部项目《20世纪50—60年代云南民族调查照片资料数据库建设》（A08006），鉴定等级：优秀；参与完成国家社科基金西部项目“云南道教碑刻辑录”（07XZJ005），鉴定等级：优秀；参与完成国家社科基金项目一般项目“西南少数民族地区农村居民机构养老的需求与供给研究”（15BRK029），鉴定等级：良好。目前，在研国家项目2项：青年项目“云南边境农场的社会融入与稳定研究”（16CMZ002）、一般项目“宋元之际理学社会化研究”（18BZX068）。

主持和参与完成的省部级、院级项目主要如下。主持完成省哲社规划课题“藏传佛教噶玛噶举派在滇西北传播的历史研究”“云南传统乡规民约的现代价值研究”等项目。集体完成省院合作重点课题“近现代云南边境地区重大历史事件以及影响”，院级重点学科建设“云南行省制度研究”“云南抗日战争研究”“清代云南对外交往研究”“云南省历史所科研人员学术年谱”“文本与田野：南方丝绸之路云南商人的历史记忆”“云南历史上的重要人物、重大事件及其影响（一期）”。个人完成院级课题“宋代家训文献中母亲形象研究”“宋代‘官箴’研究”“南宋理学政治构想与实践研究”“晚清云南督抚治理边疆社会研究”“晚清云南地方政府在中缅边界危机中的积极应对”“清末民国时期云南士绅与边疆安全研究”等。完成院级智库课题“明清云南城市发展特点对‘桥头堡’战略下的边疆城市化的启示”“传统官箴文化对党风廉政建设启示研究”“云南产茶区农村市场化进程中精准扶贫方法创新”等。

圆满完成上级交办任务，与其他机构部门积极开展合作，加强学术成果转换，发挥社会服务功能。完成云南省委宣传部智库课题“云南省文化特色城镇建设的对策和思路”“云南生态文化建设”“影响云南社会和谐稳定发展的因素及对策研究”；云南省人民政府政策研究室课题“云南边境地区宗教事务管理研究”；完成云南省文史馆委托的“云南丛书续编”经济部分书目提要；完成省委宣传部委托课题“云南重大历史事件、重要人物及影响”梳理及初稿，上报宣传部；完成横向课题“云南国家公园社区互动研究”。通过多种渠道，积极建言献策，为国家发展战略服务。“加强云南老字号资源商业价值的综合开发与利用”2013年由院办公室上报省政府办公厅，获刘慧晏副省长批示。“纪念印度医疗队援华，促进中国—南亚医药文化交流合作与健康产业的发展”（《东南亚南亚研究要报》第3期，总第15期，2015年6月）获高峰副省长批示，要求省卫生厅根据该报告制定实施方案。发表《依托南方丝绸之路历史文化发展滇中地区文化产业的建议》（《观察与决策》2015年第19期）、《将丝绸之路的“旧边缘”转变为“新前沿”》《让绿色茶庄园成为山区脱贫发展的助推器》《做强普洱茶品牌，推动云茶经济跨越发展》《让茶文化服务于“一带一路”建设》《加强茶马古道与南方丝绸之路历史文化研究，积极融入“一带一路”国家战略》被《云南智库建言献策》等智库渠道采用。这些论文和建议充满现实关怀，从历史经验与实地调查的双重角度为具体实施“一带一路”等国家战略提供了有益的建议。

四、学术交流

2006年以来，历史、文献研究所举办、参加各种学术会议，加强了与省内外学术机构、政府组织之间的交流联系，还通过讲座、培训会、电视广播等多种渠道，宣讲优秀历史文化知识。

注重发挥《云南大百科全书·历史卷》的平台优势，深入开展学术交流，积极筹办了各类学术研讨会议和形式多样的学术交流活动。自2010年6月11日《云南大百科全书·历史卷》第一次编纂工作会议召开、正式启动编纂工作，至2015年3月30日《历史卷》定稿送审会举行、全卷编纂工作基本结束，再到2020年正式出版，历史所筹办和召开各级各类工作部署、推进、督导、审稿会议以及学术培训、研讨和座谈会议共计60余场。其中，编纂工作部署、推进、总结会议30余次，与编纂工作相关的研讨、培训、审读会议20余次，条目撰写情况督导会议9次，编纂工作座谈会议4次，还分别举行了2次编纂工作责任书签订仪式。参与《历史卷》相关编纂、审读、研讨的人员多达100余人，他们中的大部分都是省内外史学研究领域中的知名专家学者，历史所年轻科研人员参与其中，在完成工作的同时，拓宽了眼界，提升了能力，受益匪浅。

2013年12月4日、6日，历史、文献研究所出面邀请中国社会科学院中国边疆史地研究中心党委书记、副所长、博士生导师李国强研究员主讲《南海问题的观察与思考》（云南智库论坛第八十七讲）、中国社会科学院中国边疆史地研究中心主任邢广程研究员主讲“周边国际环境变化与我国边疆安全稳定发展”（云南智库论坛第八十八讲）。

2014年9月，历史、文献研究所与民革云南省委等单位共同组织了纪念滇西抗战胜利70周年学术研讨会，研讨滇西抗战的历史意义和现实意义。与会学者一致认为，滇西抗战是中国抗日战争的重要一环，也是世界反法西斯战争的重要组成部分，应继续加强对滇西抗战的研究、大力宣传英雄事迹。2016年7月8日，邀请香港科技大学人文学部马健雄博士主讲“云贵高原的坝子社会研究：理论、方法和发现”（云南智库论坛第一百四十五讲）。以上讲座引起了热烈的反响，与会院内外研究人员与专家学者就研究前沿问题展开了深入交流。

2006年以来，历史、文献研究所科研人员积极参与学术交流，共参加国内外学术交流活动100余次。参加“云南省纪念抗日战争胜利65周年会议”、“云南省社会科学界纪念辛亥革命100周年座谈会”、云南省委台湾事务办公室举办的“纪念辛亥革命100周年大会”、民革云南省委“纪念辛亥革命重九起义100周年座谈会”、“纪念辛亥革命100周年青年学术研讨会”、“云南省滇西抗战历史文化研究会成立大会”、“‘松坡精神’暨蔡锷将军诞辰136周年纪念研讨会”，讴歌先烈，展望云南近代革命史的研究趋势。参加“边疆与中国现代社会学术讨论会”“土司制度与边疆社会国际学术研讨会”“首届中国边疆学论坛”“中国社会科学论坛——民族地区社会治理理论与实践国际会议”“中国西部边疆安全学术研讨会”“新时代的伊斯兰教研究研讨会”，聚焦边疆、民族问题。参加“沐英与云南边疆开发研讨会”“纪念徐霞客考察云南370周年研讨会”“第三届中国土司制度与土司文化暨秦良玉国际学术研讨会”“纪念林则徐诞辰230周年学术研讨会”“刘永福诞辰180周年学术论坛”“方国瑜诞辰一百一十周年学术研讨会”“李埏教授百年诞辰暨学术研讨会”，阐幽抉微，弘扬民族精神。此外，还多次参加了云南省史学会、中国民族史学会、中国经济史学会、宋史学会的年度交流研讨活动。

举办和参加各种层次的培训、讲座、调研，提升我所学术影响力。历史、文献研究所专家充分利用广播电视、讲座等渠道传播优秀文化成果，普及云南文史知识。昆明《生活新报》2006年开设“一日看百年”历史文化专版，每日一版，《生活新报》聘请历史、文献研究所专家做顾问，多次接受《生活新报》记者的专访，扩大了院所的社会影响。2015年，杜娟在“云岭大讲坛·云南历史文化论坛”讲授“近现代云南边境地区重大历史事件以及影响”，2016年在云南大学中国民族史讲坛讲授“参与性田野调查方法”。同时，历史、文献研究所积极为民族文化建设增砖添瓦。2006—2007年胡华生参加文史委组织的“滇东北历史文化及名人故居保护与开发”视察，在多次与当地党政领导座谈中提出相关意见和建议，受到广泛好评。郭净策划并组织了“云之南纪录影像展”，多次到昆明苗族村寨、香格里拉、德钦的藏族村寨进行社区巡展，2014年在四川大学藏学研究所和宗教研究所举办“影视人类学与当代中国”讲座。颜恩泉多次到马关、麻栗坡、嵩明等地拍摄有关苗族文化的专题影视片，受邀赴台进行有关学术交流。蒋文中受聘为云南茶文化研究会的专家顾问，就云南茶文化专题多次到西双版纳、临沧、思茅等地进行调研，并就云南普洱茶的专题多次参加省内外的有关论坛。此外，历史、文献研究所还以坚实的历史研究为基础，观照社会现实问题：申旭受商务厅、公安厅等有关部门聘请，在云南境外做有关“禁毒与替代种植”的调研；孙大江参加了云南省发改委、妇儿工委咨询会为妇女利益与需求发出倡议；杜娟多次受邀为云南省干部、群众做以艾滋病防治与社会性别平等为主题的讲座。

另外，历史、文献科研人员还前往中国社会科学院、中山大学等地进行访学，了解学科前沿研究动向，学习最新的历史研究视角与手段；所内积极开展多种形式的学术讨论，将理论学习与专业研究相结合，科研人员交流心得体会、分析疑难瓶颈、相互切磋，营造出亲切、奋进的学术氛围。

五、治所精要

从云南省少数民族社会历史研究所算起，历史、文献研究所已走过六十余载，积累了宝贵的经验。60年来，历史、文献研究所围绕出精品、出人才，在历史研究、学科建设、平台建设、人才培养、服务社会等各个方面都取得了丰硕成果和辉煌成就。

第一，开展研究工作必须始终把握时代脉搏、聆听时代声音，坚持与时代同步伐、以人民为中心，紧紧围绕党和国家的需求开展工作。新中国成立初期，历史、文献研究所老一辈工作者把自己的青春和汗水投入到民族识别以及少数民族社会历史调查工作中，从理论上摸索研究民族政策措施，为云南建设多民族和谐发展的社会局面奠定基础。还为边境划界提供坚实有力的历史佐证，谱写了辉煌的历史华章。改革开放以来，不断夯实历史、文献学科建设，找准云南近现代史作为突破口，填补学术空白，取得一系列突破性的成果。又根据社会发展的需要，不断拓展研究领域，推出丰富多彩的民族文化研究精品。进入21世纪，历史、文献研究所学人不断提升个人道德与学术修养，在云南地方史研究领域不断精耕细作。老一辈科研工作者所具有的使命感、责任感、荣誉感以及无私奉献、一往无前的革命精神，仍将会继承下去，永不褪色。

第二，开展研究工作必须坚持自身“与省情相符合的民族地方特色”、“传统研究方法与实地考察相结合”以及“在史学中具有适度的交叉性学科因素存在”的特点。[1]新时期的历史、文献研究所科研人员立足云南本土，踏遍了云南的山山水水、名关古道、乡村集市，常常带着考察的征尘，就一头扎入档案馆、图书馆“即山采铜”，查阅原始史料。复杂的社会历史问题，需要我们不断开阔视野，在坚持历史、文献研究学科导向的同时，注重吸收相邻学科的养分，积极开展协同作战与学术交流。习近平总书记在致中国社会科学院中国历史研究院成立的贺信中指出：“历史研究是一切社会科学的基础。……希望我国广大历史研究工作者继承优良传统，整合中国历史、世界历史、考古等方面研究力量，着力提高研究水平和创新能力，推动相关历史学科融合发展，总结历史经验，揭示历史规律，把握历史趋势，加快构建中国特色历史学学科体系、学术体系、话语体系。”历史、文献研究所同人将以此为目标，在云南地方史研究领域继续追攀新的学术高峰。

第三，开展研究工作必须坚持以精品奉献人民，坚持以明德引领风尚。历史、文献研究所学人注重阐明云南各民族在祖国大家庭中团结爱国、开发和保卫边疆的贡献，总结边疆各民族人民在党的领导下从不同的历史发展阶段跨越若干世纪过渡到社会主义的丰富经验。尤其对近代以来中法战争、辛亥革命、护国运动、滇西抗战等重大历史事件的深入研究，将云南人民在我国近现代历史进程中的贡献凸显出来，积极彰显了抗法英雄项从周、爱国将领蔡锷、人民音乐家聂耳等人的光辉事迹。历史、文献研究所学人十余年磨一剑，参与撰写《云南通史》，勾勒出云南各族人民肇自远古以迄于1949年的恢宏历史画卷。近10年来，又以基础理论研究为支撑，主持承担《云南大百科全书·历史卷》、

①杜玉亭：《云南历史研究所三大特点说》，《研究集刊》1986年第2期。

"云南历史上重要人物、重大事件及其影响"等重大文化建设工程。今后，历史、文献所学人将会一如既往地讴歌云南先烈的家国情怀，在社会公共领域弘扬风清气正的价值取向。

（杜娟，云南省社会科学院历史、文献研究所所长，研究员；陈曦，云南省社会科学院历史、文献研究所助理研究员）